「はねとび」ウォッチャーズ[編]　太陽出版

ドランクドラゴン　北陽　インパルス

HANERU no TOBIRA

はじめまして！

8月18日に『はねるのトびら』番組ＤＶＤの第3弾が発売！

ＤＶＤシリーズでのⅠ、Ⅱを組み合わせて約22万本の売上を誇った
『はねるのトびら』は、従来のお笑いファンだけではなく、
新しい視聴者を独占するニューウェーブとして、この10月には早くも
『ゴールデン進出か!?』
と噂される、最も面白く、最も注目される番組だ――。
えっ!? そ、そんなコトは百も承知だって？
こりゃ失礼しました。
ただきっと、番組以外のメンバーの素顔ってなかなか知らないでしょ？

彼らも『**芸人**』。やっぱり素顔も自分の身を犠牲にして（?）、
とてつもなく面白いコトをやらかしてくれちゃってます！
僕たちはそれを聞いて『すげぇ！』って大笑いしてるんだけど、
僕たちだけで楽しむのはもったいない、こりゃあ皆サンにも教えちゃおうぜぃ
……ってコトで、この本を企画しました。

キングコング　**西野亮廣クン**
梶原雄太クン

☆西野クンと某アイドルとの熱愛騒動のウラに、先輩の邪悪な陰謀が?
☆梶原クンがナイナイ岡村さんから聞かされたトンデモナイ秘密！

ロバート　**秋山竜次クン**
馬場裕之クン
山本　博クン

ドランクドラゴン　北陽　インパルス

HANERU no TOBIRA

☆秋山クンの『ネタ作りの秘密』を、秋葉原で大追跡！

☆馬場クンがひた隠しにする『超カワイイ』彼女の存在とは!?

☆山本クンが『お泊まり』した某はねトびメンバーとの一夜を暴露！

ドランクドラゴン　塚地武雅クン　鈴木拓クン

☆塚地クンが語る『なっちと松さんじゃ格が違う』の真意とは？

☆鈴木クンが奥さんも子どもも放ったらかして（？）モテモテの熱い夜

北陽　虻川美穂子チャン　伊藤さおりチャン

☆虻チャンがあの『あゆ』のマンション前で一発芸を大披露？

☆伊藤チャンが悩みまくる『私ってお母さん?』のグチを聞いてあげて！

インパルス

堤下　敦クン

板倉俊之クン

☆堤下クンも（?）某アイドルとのメル友交際が熱愛に発展!?

☆板倉クンがキャバクラで気がついた『M体質』にウットリ?

こんなノドから手が出るようなエピソードを中心に、もちろん
『はねるのトびら』からの舞台裏エピソードもキラ星のごとくちりばめ、
お贈りしたいと思います。

あっ！申し遅れましたが僕たちは、
『はねトび』ファンのギョーカイ人が集まった私設応援団。
皆サンと同じ目線でメンバーを見守っている仲間ですので、
どうか一緒に盛り上がって楽しみましょう!!

「はねとび」ウォッチャーズ

みんな大好き♥
『はねトび』人気キャラ解説

MUGA様とおーたむSAN

ネットアイドル夢子に恋する
オタク男たちの愛の物語

栞と博のテーマ

夫博への
嫉妬に狂う
妻栞。
その錯乱ぶりは
「ありえにゃ〜い！」

黒　族

追っかけ3人組。
「ピンクハレルヤ」禁断症状が出ると
どんな場所でも大暴れ!!

ピンクハレルヤ物語
レイジ

ビジュアル系バンド
「ピンクハレルヤ」
その正体は40代のオヤジで、
髪型はヅラ?!

TOKYOスタイル
アキヒロ

ブティック店長に
「オシャレ」と
かけ離れたものを
売りつけられる
純粋青年アキヒロ

馬場さんと受験生

入試の前夜
必ず現れて
邪魔ばかりする
馬場さんと
泣きを見る
受験生

大家族スペシャル
お父さん

大家族の
鈴木家では
子供たちが
大騒ぎ。
家族をひっそりと
見守るお父さん、
存在感な〜い……（悲）

澪美（レミ）

妄想癖の激しい澪美。
エレベーターで
居合わせた
西野への
妄想恋愛は
止まらない！

ガッテンだい
虹子

なかなか売れない女芸人
虹子さん。
「ガッテンだい！」を合言葉に
今日も頑張る！

徹夜ンアソブ

遊びの伝道師の彼は
一人遊びが大好き。
徹夜で仕事をする人の所へ
今日も登場！

哲哉とお父さん
哲哉

いつも父親の
デートをジャマする
幼稚園児の哲哉クン。
子供の暴走は止まらない！

カワイイ♥
ミホとナオ

この2人の手にかかれば、
世の中のどんなものだって
「カワイイ♥」

きょうのわんこ
おしり犬コング

21歳・オスおしり犬コングと
ご主人様西野の心温まる交流

ADなんです
新井貴代

「はねトび」ストーカーだった
彼女だが、
いつの間にかADとなり
TV局に潜入?!

なんとなくマン

なんとなくマン
VS
伯爵・兵隊の
ユルユル〜イ対決は
見逃せない

北陽

インパルス

かってに！キングコング

『聞かへんかったら良かった!』
〜キンコン梶原が握ったある先輩のヒミツ

KATTENI ! KINKON

「梶原、遊んどるか?」

「い、いえ全然! 最近街出たら、ごっつからかわれるんですよ」

お台場・フジテレビのタレントクローク(楽屋)で、ナインティナインの岡村隆史さんに声をかけられた梶原クン。

「そうかぁ。お前の気持ちは俺も分かるで」

梶原クンと岡村さんといえば、世間が認めるソックリさん(?)だけど、何かと先輩のナイナイさんと比較されるだけに——

そっくりさん(?)

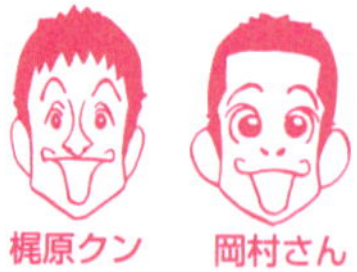

「ホンマは今でも、まともに岡村さんの顔、
見られへんねん」

と、ちょっぴり怖い先輩だったりする。

「せやけどお前はごっつモテるらしいなぁ」

チラッと横目で梶原クンをニラみつける。

「と、とんでもありません！

僕なんか『国民のオモチャ』ですよ」

「結婚おめでとう！」

「へっ!?」

「あ、1年ぐらいで別れたんやっけな」

「し、知ってはるじゃないですか、
そんなん!!」

岡村さんが打ち明けた『トンデモナイ秘密』!!

なぜだか梶原クンを呼び止め、シャレなのかイヤミなのか
ビミョ〜なツッコミを入れた岡村さんだけど、いきなり

「これ、持ってけ」

と、財布から3万円を出し、梶原クンに渡した。

「な、なんですのん？」

「俺がええ店紹介したるから、遊びに行ったらええねん」

「風俗ですか!?」

「**完璧な風俗ではないねんけど……実はな**」

続いて聞かされた言葉に、梶原クンは
腰を抜かすほどビックリしちゃったのだ。

「ウチの相方、おるやろ」

「ええ、矢部さんが何か？」

「相方な、『3万』で彼女見つけおってん」

「3万？」

ニヤニヤしながら耳打ちする岡村さんに、
まったくワケが分からない梶原クン。
だって矢部さんの彼女といえば、
全国的に超有名かつ写真週刊誌にも撮られまくってるHちゃんだもんね。
「六本木にごっつええ『ランパブ』があんねん」
「ランパブっすか？
ヘビの生殺しみたいなのはちょっと……」

ランパブというのは、
『ランジェリーパブ』の通称。
下着姿のおネエちゃんを相手に、
お酒を飲むキャバクラみたいなモノ。

**「実はな……Hちゃんって
そこで相方が釣って来たんや」**

「……はい？」

一瞬にして頭の中が真っ白になる梶原クン。

**「えっ、お、岡村さん、
何を言ってはるんですか？」**
**「せやからウチの相方は
飲みに行ったランパブでHちゃんと出会うてん」**

ま、マジっすか!?

しっ！ごっつい声、出すなや

そんなバカな！
……いや、別に
ランパブで働いている女のコに
偏見はないけど、
あの矢部さんの彼女が!?
こりゃ一大事だよ、梶原クン！

「今はその店、潰れてもうてんねんけど、
なんや新しい店になってごっつ流行ってるらしいねん」
「は、はぁ……」
「タレントが行くと、
カーテンの向こうにＶＩＰ席があってな。
３万円あれば『スッキリ』するらしいで」
「す、スッキリって何がです？」
「アホ！　言わんでも分かってるやろ。
とにかくな、めちゃめちゃ可愛くて
スタイルのええコばっかりらしいねん。
お前も離婚して落ち込んどるやろうから、
たまにはそういうトコで遊んで誰か引っかけて来いや」
「あ、ありがとうございます」

トンデモナイ秘密と3万円を残し、岡村さんは満足そうに去って行った。

「これって、先輩のやさしさ？」

1人残った梶原クン、ジッと3万円を見つめながら……

「やさしさちゃうやん！
そんな秘密、
俺の胸の内に
しまおう思ても、
ごっつ過ぎて
ドア閉まらへん!!」

――さて梶原クン、
先輩の超極秘トップシークレットを、
いつまで胸に秘めておけるんだろう（笑）。

ま、マジっすか!?うぅ〜……喋りたいけど喋られへん!!

「カジ、どないしてん？」

「えっ!? な、な、なんもないよ！」

キングコングの楽屋に戻ってから、ソワソワしてどうしても落ち着かない梶原クン。

ま、当たり前っちゃ当たり前だけど、不思議そうに西野クンが尋ねた。

「そういえばさっき、岡村さんと話しとったんやろ？」

「な、なんで知コてんねん！」

「いや、マネージャーが見かけたって言うとったから……」

マンガを読みながら、梶原クンにそう言う西野クンの横顔に向かい、心の中でつぶやく梶原クン――

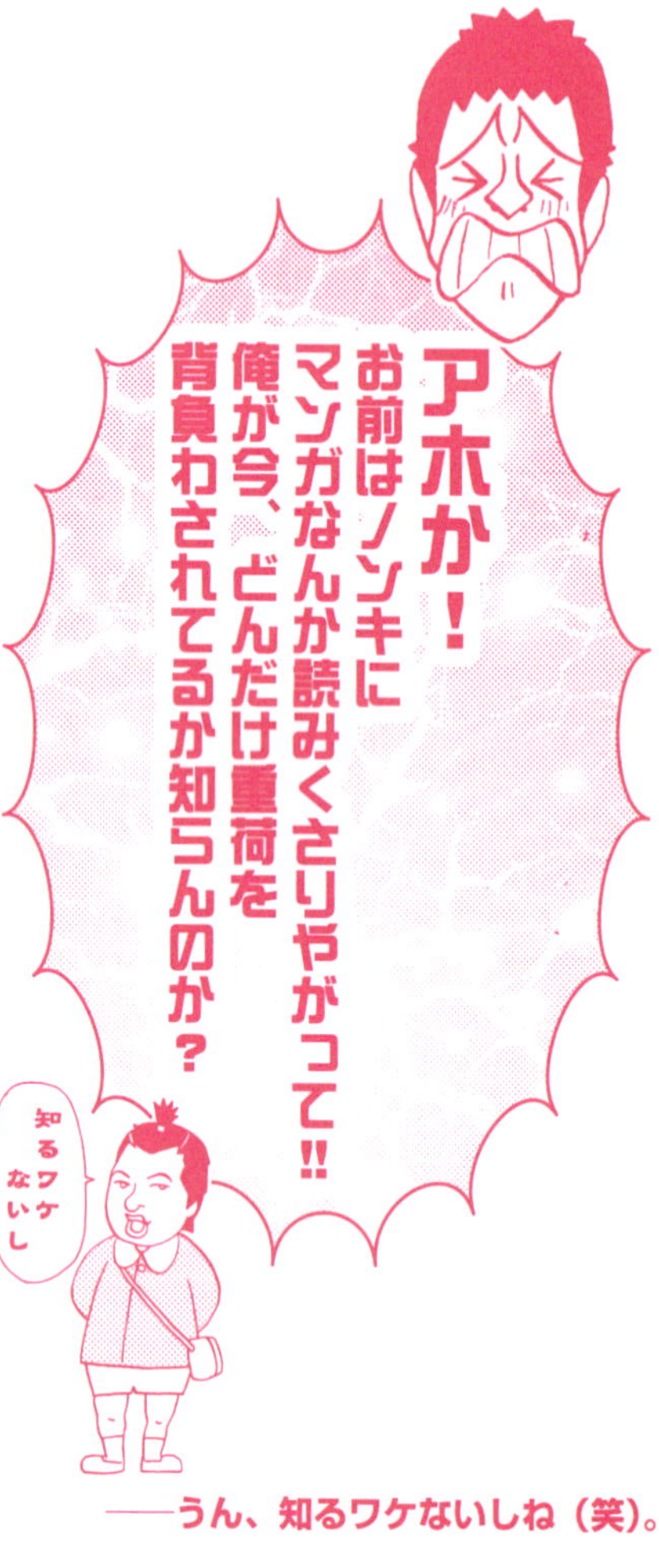
アホか！
お前はノンキに
マンガなんか読みくさりやがって!!
俺が今、どんだけ重荷を
背負わされてるか知らんのか？
知るワケ
ないし

——うん、知るワケないしね（笑）。

「喋りたいけど喋られへん。
コイツの口の軽さは若手ナンバーワンやしな。
もし俺がペロッと喋ったコトが
矢部さんの耳に入ったら……
こ、殺されるがな！」

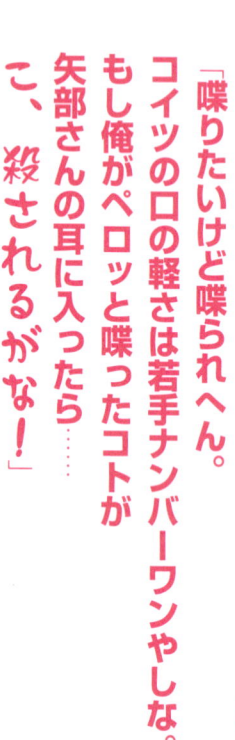

――トンデモナイ秘密を知ってしまったコトに
「き、聞かへんかったら良かった！」
ポケットの中の３万円を握りしめながら、
岡村さんを恨む梶原クンでした。――

『出とるんやから黙っとれ！』〜キンコン梶原クン、携帯に逆ギレした結末は？

KATTENI ! KINKON

梶原クンの趣味といえば、

「あたたたたた！ 雄太乱れ打ち!!」

1秒間に五連打するという、パチスロ。

ま、五連打する意味なんてまったくないんだけどね（笑）。

「前のカミさんが（パチンコ屋の）**店員やったから、**

『トラウマになってパチンコ屋に行けへんのちゃうか？』

ってみんな心配してくれたんやけど……」

ご心配なく。少しでも時間が空けばシッカリと通ってますので。

「なんやろ、別にパチスロやって
金儲けたいとかとちゃうねん。
勝ったらコインがザクザク出てくるやん？
ドル箱に詰めて『俺は勝っとるでぇ〜』って
他の客と比べんのが好きなんかなぁ（苦笑）」

優越感に浸りたい？ってトコなんでしょうか。
でも芸人さんってやっぱり、売れてない頃は
ギャンブルで生活費を稼ぐ人も多くて、いつまでたっても
『どっちが本業？』って言いたくなっちゃう人もいるからねぇ。

「俺はちゃんとケジメつけとるよ！
当たり前やん、仕事せな食われへんのやし」

趣味と仕事の区別はキッチリつける——と言う梶原クンだけど、
果たして本当にそうなの？

『出とるんやから黙っとれ！』〜キンコン梶原クン、携帯に逆ギレした結末は？

やったるでぇ〜！今日はマジ、絶好調やで!!

新宿にある某パチスロ専門店で遊んでいる梶原クン。
『ルミネtheよしもと』の楽屋に入る2時間前、
「2時間あればケンシロウで遊べるな」
と、超人気パチスロ『北斗の拳』の誘惑に負けてフラリ。
ところがそんな軽～い気持ちが良かったのか、
「よっしゃ！ 1000円でボーナス・ゲッツ!!」
パチスロを知らない人には『ボーナス』と言っても
分からないかもしれないけど、まぁ要するに
最小の投資（1000円）で**『大当たり』**を引いたってコトなのだ。
「まぁ、連チャンせんでも、
どうせ1000円しか使うてへんのやし」

時間も限られてるし、ゆっくり楽しむワケにもいかない。
1回のアタリで出たコイン（約500枚）がなくなるまで
タラタラと遊ぼう……なんて肩の力を抜いていたら——

——アッと言う間に2回目の大当たり、
連チャンだ！

——その瞬間、梶原クンの心の中の
『パチスロ好きの悪魔』が
ささやいた。

「おい雄太、こんなラッキーな台、簡単に手放すなよ。
見てみろよ、周りのヤツらのうらやましそうな視線を」

キャップを目深にかぶり、控えめに遊んでいたんだけど、

「また来たやん！」

3連チャンで明らかに『**大爆発する**』波に乗った梶原クンの背中を、
他のお客さんの視線がチクチクと刺し始めると、

「やったるでぇ〜
もう一丁来いや!!」

単なるパチスロバカの素顔に
戻っちゃいました（笑）。

誰や、お前は！ウザイっちゅうねん!!

ものの30分で5回も大当たりを引き、

「まだまだ行けるでぇ!!」

すっかりお調子者の波にも乗っちゃってる梶原クン。

――と、その時、ポケットに入れていた携帯のバイブが着信を知らせた。

「誰や？ 非通知やんけ！」

最近、非通知でかかって来るイタ電には悩まされている。
とはいえ仕事の電話の可能性もあるので、
非通知の着信拒否設定には出来ない。

「まぁええわ。せっかく出とるんやから放っとこ」

目の前の大当たり台と非通知着信の電話。
どっちを取るか悩む間もなく（？）――

「出とるんやから黙っとれ！」～キンコン梶原クン、携帯に逆ギレした結末は？

——パチスロに熱中する梶原クン。

ところが――

「**こいつ、しつこいねん!!**」

携帯の非通知着信は、ほぼ間断なくかかり続けて来る。

「**ストーカーちゃうか？**」

普通なら頭の片隅に

『**もしかして仕事？**』

という不安が少しでもよぎるもんだけど、

スイッチが

『**乱れ打ちの雄太**』に

変わっちゃってるだけに――

「出とるんやから黙っとれ！」～キンコン梶原クン、携帯に逆ギレした結果は？

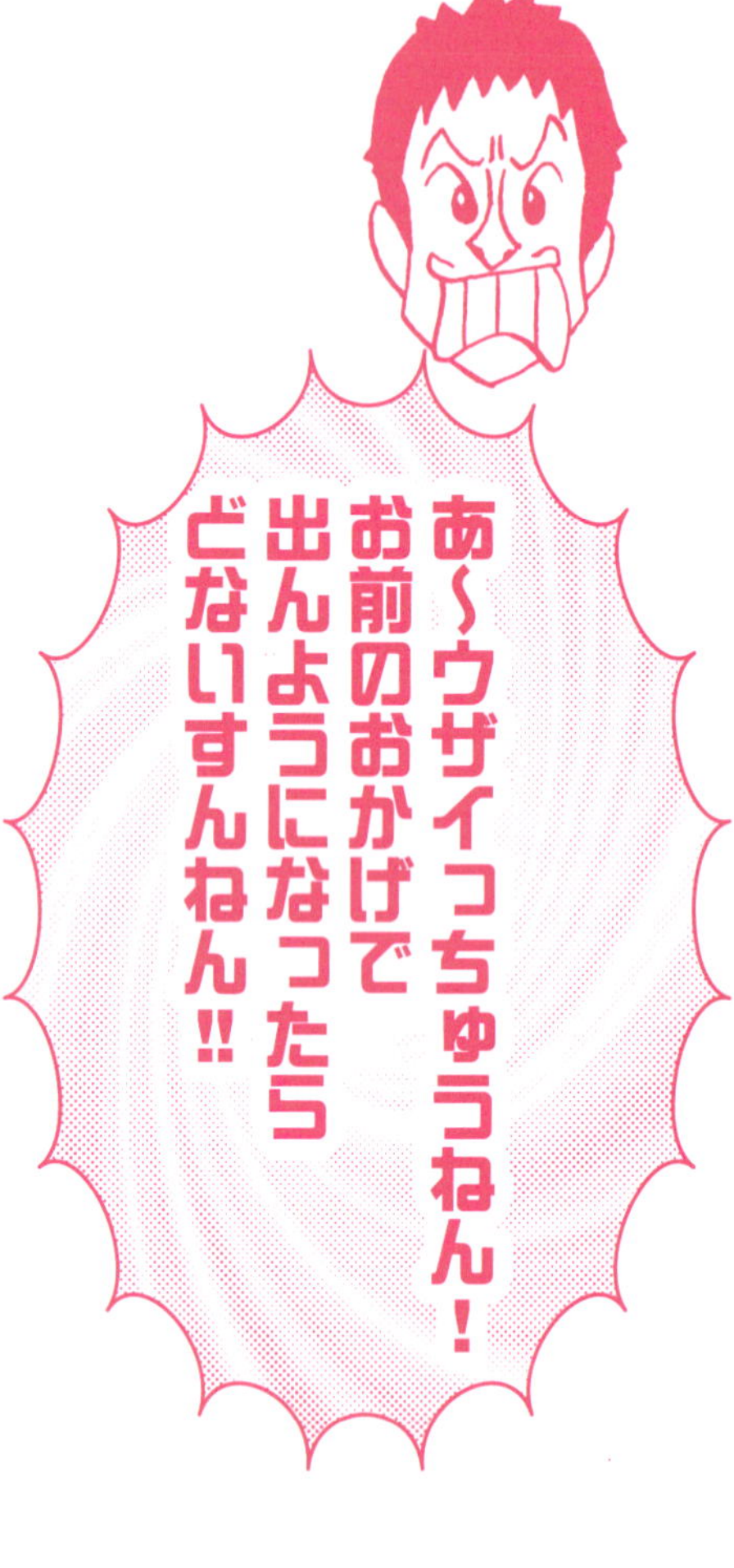
あ～ウザイっちゅうねん！
お前のおかげで
出んようになったら
どないすんねん‼

――と、非通知に逆ギレ。
あげくの果てには――

「邪魔じゃ！ 黙っとれ!!」

——電源をオフにしちゃった梶原クンだった。

「出とるんやから黙っとれ！」～キンコン梶原クン、携帯に逆ギレした結末は？

「イヤ〜大漁大漁！
2時間で15万勝つのなんて
久しぶりとちゃうか？」

キッチリ2時間後、
財布をパンパンにふくらませてルミネの楽屋に
上機嫌で入る梶原クン。

「おはようございま〜す」

今日のステージは、これまでにないくらいノリノリで出られる……
と思ったその時――

——西野クンとマネージャーさんが、
鬼のような形相で
目の前に立ちはだかった。——

「な、なんや怖い顔して」

「怖い顔もなんもあるかい！お前、今まで何しとったんじゃ!!」

「何って別に……」

「出とるんやから黙っとれ！」～キンコン梶原クン、携帯に逆ギレした結末は？

パチスロで大勝ちした、とは言い辛いよね。

「**ボケ！『今日は楽屋入りの前に取材が入っとる』言うたやろ!!**」

「……**あぁ!?**」

そうなのです。

めずらしく楽屋入りに2時間も余裕があったのは、その前に取材の仕事が入っていたからなのです。

「**俺1人でなんとかなったからええけど、今度バックしたら許さへんぞ!!**」

——一瞬にして大勝ちの快感が吹き飛んだ梶原クン。
まぁこれからは、パチスロはほどほどに……
確実にオフの日だけにして、
非通知の電話もちゃんと出るコトにしましょうね（笑）。——

『アンタがネタ元かい!』〜キンコン西野、お笑いコンビFのG先輩にキレる?

KATTENI ! KINKON

もう皆サンの記憶からは
消えてしまった（?）かもしれないけど、
少し前に**西野亮廣クン**と元モーニング娘。の
市井紗耶香チャンの噂があったよね?
紗耶香チャンはすでに結婚しちゃったし、今この話を蒸し返すのは
迷惑かもしれないいんだけど、でもあの時の噂、
本当はどうだったか知りたくない?

「**俺も『BUBKA』に名前が出て嬉しいよ**」

芸能界にとって最もやっかいな雑誌『BUBKA』で熱愛が報じられ、

西野クン本人にしてみれば、

「**これで有名芸能人の仲間入りや！**」

てな感じで余裕のポーズだったんだけど……

いやいや実は、

ウラでは大変なんです（笑）。

有名芸能人（？）
の皆サン

BUBKA
載りました!!
名前が出て嬉しいよ！
これで有名芸能人の仲間入りや
有名芸能人
BUBKA
キングコング西野♡
市井紗耶香♡
熱愛

「アンタがネタ元かい！」～キンコン西野、お笑いコンビFのG先輩にキレる？

『西野クンと某アイドルの熱愛報道』をリークしたのは誰だ？

「どないなっとんねん？」

市井紗耶香チャンとの熱愛が報じられた時、
かなり焦りまくっていた西野クン。だってそれは――
「ようやくエエ感じになって来たのに……」
そう、電話番号とメルアドを交換し、
プライベートでの仲へ今まさに発展しようか……って時だったからだ。
「カジ、お前がどっかに喋ったんか？」
「喋るワケあらへんやろ！」

ネタ元として真っ先に西野クンが疑ったのは、
やはり相方の梶原クン。
だって紗耶香ちゃんと親密になるきっかけの
ラジオ番組は、
3人でやっていたからね。

**「あ～ぁ、先に出てしもうたら、
もう口説けへんやん。
とりあえずギャグにして、
今回はアキらめるしかしゃあないな」**

あれれ？
何だか梶原クンが
冷や汗かいてるように見えてますけど（笑）。

カジ お前 喋ったんか？
喋るワケ あらへんやろ
おおぃ！
疑惑

「ホンマか!?」

「えぇ。西野のヤツ

『絶対に落としたる！』って張り切ってますよ」

記事が出る数ヶ月前、まだ西野クンと紗耶香ちゃんが

電話番号やメルアドの交換をする少し前に、

実は梶原クンが先走って――

西野と市井紗耶香がつき合う！

……かもしれない

――と、ポロッと某先輩芸人に喋ってしまったのだ。

「なんや西野、
俺かてアイドルとヤッてへんのに」
ムッとするのは（あえて匿名ですが）
お笑いコンビ『FのG先輩』。

「アイツ、自分がカッコええ思てるから
『アイドルとヤレる』と勘違いしとんやな。
くっそぉ〜俺かて顔では負けへんぞ」
そのあたりは主観なので何とも言えませんが（笑）、とにかくG先輩は
「よっしゃ！
このネタ、どっかにバラして破局させたろ」
と、メラメラと嫉妬の炎を燃やしまくっていたのだ。

『アンタがネタ元かい！』〜キンコン西野、お笑いコンビFのG先輩にキレる？

「で、でも、まだつき合うてませんよ」
「ええねんええねん、
カジお前は黙っとけよ」
「は、ははぁ……」

こうしてG先輩の単なるヤキモチが、
西野クンと市井紗耶香ちゃんの
熱愛騒動に発展しちゃったってワケだ。

破局させたる!
ジェラシー!!
ええ!?
まだつき合うてませんよ
どないしよ
メラメラメラメラ

『カジ、お前知っとるやろ！』

な、なんやて！Gさんがネタ元かいな!!

「アンタがネタ元かい！」～キンコン西野、お笑いコンビFのG先輩にキレる？

その後、噂が人から人へと伝わっていくうちに、
とうとう西野クンの耳にも届いちゃった。

「頼むよホンマ、
先輩が後輩の恋を邪魔してどないすんねん」

ガックリと肩を落とす西野クン。
そして複雑そうな表情でその姿を見つめる梶原クン。
だってネタ元といえば正確には梶原クンだし、先輩よりヒドイ
『相方につぶされた』んだもんねぇ（苦笑）。

「ま、まぁ、
お前やったらすぐにタレ（女のコ）**見つかるがな」**
「許さへん」
「へっ!?」

Gさん、絶対に許さへん！

悔しさが憎しみへと変わる西野クン。

「**今からGさんトコ行って、文句のひとつも言わな気が済まへん**」

こうなると焦るのは梶原クン。

だってもし西野クンがGさんにキレると、Gさんの方だって
「**アホか！ お前の相方がペラペラと喋っとんのや**」

って、梶原クンの名前を出しかねない。

いや、きっと出すに違いない。


『アンタがネタ元かい！』〜キンコン西野、お笑いコンビFのG先輩にキレる？

「カジ、Gさんの携帯（電話）知っとるやろ？
教えてくれ」
目をつり上げ、ゴゴゴゴ……
と炎を燃やして怒る西野クン。

「あっ、そや」

「ん？」

するといきなり、梶原クンがポンと手を叩いて
何かを思い出したかのように言う。

「お前、『**井上和香**』にせぇや」

「へっ⁉」

「この前ちょっと小耳にはさんだんやけどな、
井上和香が『**お笑いだったらキングコングの西野クン**』

って言っとったらしいぞ」

「**ま、マジに！**」

「お前、『**市井**』なんかと比べモンにならへんで、

『**井上和香**』は」

「そ、そらそやな。
モンローと同じサイズなんやろ？」

今、グラビア界・芸能界で1番勢いのある井上和香チャンが、西野クンのコトを『**タイプ**』だって聞かされれば悪い気はしない……っていうか、立ち直り早すぎ（笑）。

「そのうちどっかで共演するやろし、
チャンス狙とけや。
どう考えたって市井より
『井上和香のナイスバディ♥♥』やで」
「当たり前やん！
男やったら誰だって井上和香を選ぶしな!!」

—こうして梶原クンは、ピンチをまぬがれた。
しかしもちろん、井上和香ちゃんのコトも口から出まかせ。

「西野のヤツ、ひと晩寝れば忘れてまうやろ」

相方だけに、性格は知り尽くしてるってトコかな（笑）。—

『俺も売れるでぇ！』〜キンコン西野、長者番付の遊びっぷりに感動

「いやホンマに、ビックリしたよ！」

西野クンが今でもコーフン気味に話すのは、
芸能界でもトップクラスの
『**長者番付タレント**』との一夜。

「まさかあんな風にして遊んでるなんて……
大阪じゃ考えられへんもん。
俺もいつか、あんな遊び方をしてみたい！」

「ホンマにええんですか？」

「いいよ、行こうぜ」

TBS系『**うたばん**』に出演したのをきっかけに、**とんねるずの石橋貴明サン**と電話番号を交換した西野クン。

「中居クンも誘うからさ。次の『**うたばん**』（収録）終わりで」

「ありがとうございます！」

相手は天下の石橋貴明と中居正広。

『どこに連れて行ってくれるんだろう？』

と期待しない方がウソだよね。

徹夜で遊ぼー♪

「キャバクラ？
いやいや、貴サンや中居サンクラスの人なら
銀座の高級クラブやろ！
やっぱアレやね、タレントは
銀座で遊んで一人前やね」

――しかし西野クンの予想は、
ある意味で裏切られるコトに。
そう、もっと
『凄かった』からだ。

銀座で遊んで一人前！
ピカ
ピカ
貴さんよ♥
中居クンよ〜♥
キャー♥
スゲ〜♥
スゲ〜だろうなぁ
ウフフッ
モテモテだぁ♥

貴サンと中居クンが連れて行ってくれた場所とは？

「おぉ〜い」

「**あっ！　おはようございます!!**」

午前0時、六本木ヒルズの某有名ブランド店の正面で西野クンが待っていると、大きなワゴン車の中から石橋サンと中居クンが降りて来た。

「**お待たせお待たせ。じゃあ行こうか**」

「**ハイ！**」

西野クンは勝手に、車で銀座に移動するものだと思い、車に乗り込もうとした。

ところが——

「何やってんの、こっちだよ」

「えっ？」

石橋サンと中居クンはスタスタと道路を渡って六本木ヒルズの中へ進もうとする。

「こ、こんな時間、どっこも電気ついてませんやん」

期待がハズれてガックリの西野クンだけど、石橋サンと中居クンはおかまいなしに無人の六本木ヒルズへと入って行く。

「ど、どこ行くんですか？」

「来りゃ分かるから」

少し足取りが重くなった西野クン。

でも2人とも芸能界の大先輩、逆らうワケにはいかない。

「え、エレベーター？」

誰もいないビル内に、

なぜかエレベーターホールだけが煌々と照らされ、

2人の警備員さんがビシッと立っている。

「ちぃ～す」

慣れた感じで石橋サンが声をかけると、

警備員さんがバッと敬礼する。

「なになに!? 貴サン、どんな関係？」

――最初の驚きは、

まだまだ序章に過ぎなかった。

ちぃ～す
ビシッ
貴さんどんな関係!?
なぜエレベーターに!?

「う、うわっ！」

「どう？　結構いいでしょ。この景色」

「結構どころか、東京タワーがあんなに下に見えてますやん」

「もうちょっと早かったらね。ライトアップもキレイだったんだけど」

西野クンたちを乗せたエレベーターが止まったのは、六本木ヒルズの51階にある会員制のクラブだった。

クラブといっても女のコのいる店や踊る店じゃなく、本物の社交場。

宝石のような東京の夜景が360度広がり、ラウンジやレストランが超VIP客を招いてくれるのだ。

「ほ、他のお客さんはいないんですか？」

あまりにも素晴らしい夜景に
しばらく目を奪われた西野クンだったが、
ハッと気がつくと3人以外、
クラブの従業員の他に
お客さんの姿が見えない。

**「もう営業終わってっから、
俺らだけしかいねぇよ、
客は」**

「ま、マジですか!?」

「俺も売れるでぇ！」～キンコン西野、長者番付の遊びっぷりに感動

こんなゼイタクなコトがあっていいのだろうか！
一般客が入れない超高級会員制のクラブを、しかも営業が終わってから
『貸し切り』にするなんて。
ラウンジのソファに座り、東京を見下ろしながら味わうお酒と料理は、
まさに雲の上にのぼった気分。

「すごいなぁ。やっぱり違いますよね。
貴サンと中居サンは」

とにかく感動しきりで女のコのコトなんか忘れちゃった西野クン。
でもでも、サプライズはまだ続くのです——。

『夢のような遊び』をしなくてどうすんだ!?

「おぉ！ こっちこっち!!」

数十分後、突如、貴サンが立ち上がって手を振ると、

「お待たせしました～」

「へコ!?」

なんとビシッと髪の毛を整え、スーツや着物に身を包んだ女性が5～6人、クラブに入って来たではないか。

「こっち、キングコングの西野クン、知ってるよね？」

「『はねトび』大好きなんです！」

いきなりすぎて、サッパリワケが分からない西野クン。

「あ、あの～どちらさまですか？」

『俺も売れるでぇ！』～キンコン西野、長者番付の遊びっぷりに感動

「銀座の『**G**』のコたちだよ。
西野クンがいるって言ったら
『**もう絶対行くっ！**』
ってうるさくてさ」
『**G**』というのは
銀座でも3本の指に入る
『**超高級クラブ**』で、
貴サンは西野クンのため（？）に、
お店が終わった後のホステスさんを
呼び寄せたのだ。
「今日、西野クンにお持ち帰りされたいのだ〜れだ？」
「ハァ〜イ♥」
「**ちょ、ちょっと貴サン！**」

……まぁそれは冗談だろうけど、石橋サンや中居クンクラスになると、
絶対に普通のタレントじゃ真似出来ないような遊び方をするのか。

「いいだろ？『**こうなりたい**』って思えば、
もっと頑張れるだろ？」

「**頑張ります！**」

「俺らはさ、夢を与える仕事をしてんだから。
そんな人間が『**夢のような遊び**』をしなくてどうすんだ？
西野だっていつか、後輩から
『**西野さんみたいになりたい**』って言われてみたいだろ」

石橋サンと中居サンは、西野クンに夢を見せてくれるコトで
「**お前なら出来るぜ！**」
と、エールを贈ってくれたのだ。

「合コンしたりファンに手をつけたりするのは
『**スター**』じゃねぇ。もっとデッカイ男になれよ」

「ハイ!!」

——今の東京を象徴する場所で、自分自身、
大きな夢をつかもうと感動した
西野クンだった——。

かってに！ロバート

『超見てぇ〜〜〜！』〜ロバート・歌舞伎町を走る?〜の巻

KATTENI ! ROBERT

先輩のロンドンブーツ1号2号さんと、TBS系の深夜番組『ロンロバ！ 全力投球』で共演するロバート。

「秋山、もうすぐ田原俊彦が出るらしいぜ」

「マジに!?（番組）**タイトルがパクリだってキしねぇ？」**

（注・『たのきん！ 全力投球』って番組が昔あったのです）

ロバートにとっては、
自分たちが小学生や中学生の頃に憧れたアイドルが
多数出演するので、
「甘ずっぺぇなぁ～」
「すっぺぇすっぺぇ」
と、お笑い芸人というより
『ファン』として
視聴者気分で出演している(?)
番組だ。

『超見てぇ～～～！』ロバート・歌舞伎町を走る？の巻

「やっぱアイドルが『ヌード写真集』出す時のウラ話が1番かな」

「俺はアレしだね。誰と誰が仲が悪かった……とか？」

「編集しないでオンエアすると、大変なコトになりそうだな（笑）」

3人それぞれ、憧れたアイドルはもちろん違うけど、でも『**コレだけは一緒だ！**』と盛り上がったおハナシ……教えちゃいましょう。

アノ元アイドルの『AVゲット計画』!!

「**見たくね？**」

「**見たい！**」

『**はねトび**』のリハーサル中、やたらとニヤけるロバートの3人。

「**でも何であの時、教えてくれなかったんだろう？**」

「**そんなんテレビで堂々と言えるかよ！**」

『**私、AVに出てるんです**』って」

以前、ゲストで来てくれた小沢なつきサンが、

本物の元アイドルとしては初めて、

AV、いわゆる『**アダルトビデオ**』に出演したのだ。

「すっげえよ！」

それを知った3人は、必要以上に盛り上がっていたのだ。

それにしても3人のテンションは高すぎる。

ゼッテー行こうな
行くよ！そんでさ、場所分かんの？
歌舞伎町行けば、何とかなるんじゃないか

——なんとその理由は、

『はねトび』のリハーサルが終わってから歌舞伎町へ直行、

『小沢なつきサンのAVをゲットする計画』があったから。

「どこで見る？」

「３人一緒かよ！回して見ようぜ」

「ジャンケンだな、ジャンケン。でも買う時はワリカンだぞ」

DVD
ゲットするぜ！
AV
小沢なつき
トップアイドル小沢なつき！
アダルトビデオ♥
バンザイ!!
見てぇ!!
スゲェ!!
うおおおぉおお！

おいおい
仕事しろよ～

コラコラ！

今はリハーサルに集中しなきゃダメじゃないですか（笑）。

お台場のフジテレビで行われていたリハーサルを終え、東京23区を東から西へ一直線（↑そんな大げさかよ！）。

3人は深夜の歌舞伎町へやって来た。

何やってんだよ～

あっ！
あった
ビデオ屋

バカ！
あそこは
裏ビデオ屋だよ

秋山、
何で知ってんの？

——確かに（笑）。

「え〜っと……
西武新宿（線）**の前に、結構デカいビデオ屋が**
あったと思うんだけど」
「博、そこで買ってんの？」

マジに（笑）？

「行ってみようぜ！
あんまり（歌舞伎町の）**中にいるの危険だから」**

そういえば去年だか一昨年、
キャイ〜ンのウド鈴木さんがケンカに巻き込まれてケガをしたもんねぇ。
顔が売れてる芸能人が夜中にうろつく街じゃないコトだけは間違いない。

歌舞伎町を通り抜け、
西武新宿線の駅の隣り正面に、煌々と電気をつけるビデオ屋はあった。

俺たち何しに来たんだ……？


「**お、おい**」

「**なに？**」

「**新作のトコでいいのか？**」

「**多分**」

「**早く探せよ**」

「**バカ！　こんなに**（前に）**人がいたら、なかなか見つかんねぇって**」

ヒソヒソ声で話す3人。

そりゃムリもない。だって店に一歩入った瞬間、思わず――

げげっ！

って声を上げげちゃったほど、20～30人の客でムンムンの熱気だったからだ。

「3人分かれて探すか？」
「バレたとき恥ずかしいじゃん、
1人だと」
「そうだな、
どうせバレるんなら3人一緒にバレしようぜ」

運命共同体♡

サササッ　サササッ

3人1組、3人4脚のような密着具合で
『サササッ、サササッ』とカニ歩きで探す3人。

「超見てぇ〜〜〜！」ロバート・歌舞伎町を走る？の巻

「あったか？」

「ねぇぞ」

しかしいくら探しても、小沢なつきサンのAVは見つからない。

「どうすんだよ」

「つーかそろそろ、限界なんですけど」

「よし、待ってろ」

恥ずかしさがピークに達した（？）馬場クンと山本クンをその場に待たせ、秋山クンは群れまくるお客さんの間を忍者のようにすり抜けていく。

「は、早ぇ！」

「かなり慣れてるな、ヤツは」

そして数分後——

「**おい、出るぞ！**」

紙袋を小脇に抱えて戻ってきた秋山クンが、2人を急かす。

「**やった！**」

「**さすが！**」

その紙袋を見て、

心からガッツポーズが飛び出す

馬場クンと山本クンだった。

出るぞ！
さすが！
やった！
びゅん!!
ガサ

「何だよコレ……」

「だって仕方ねぇだろ」

「つーか今さら『千と千尋』？
もっと他になかったのかよ」

「うるせぇ！
レジに積んであったんだよ!!」

店の外に出て、人目につかないように少し離れた路地で立ち話をする3人。

「発売日は4月30日って、レジのうしろに貼ってあったよ」

そう、秋山クンは思いきって店員に尋ねようとレジまで行ったのだが、
そこにはまだ1ヶ月以上も先の発売日がポスターで貼られてあり、
挙げ句の果てに――

いらっしゃいませ♡
ニマッ
店員

——と、少しヤバ系の店員サンに声をかけられた途端……

あ、つしください

——レジ脇に山積みになっていた『千と千尋』のDVDを指差してしまったのだ（笑）。

「何だよぉ～また来月も来んのかよ」

ガックリと肩を落とす馬場クン。

「もう誰かさ、マネージャーとか知り合いに頼もうぜ」

こんな恥ずかしいのはコリゴリ……の山本クン。

トボトボと歩き出し、タクシーでも捕まえようとしたその時……

「ねぇねぇ、コレどうする？　3人で見る!?」

「はぁ～っ？」

秋山クンが『千と千尋』のDVDを手に取り、2人に尋ねた。

「つーかもう見てるし」

「ワリカンもしねぇし」

「あっ……そう」

紙袋を抱えたままの秋山クンを残し、とっととタクシーに乗り込む2人。

「何しに来たんだ？　俺たち……」
——空しい歌舞伎町の夜は、さらに更けていった（笑）。——

『あれ!? 秋山……だよな?』
～ロバート秋山・役作りの原点を見た?

KATTENI ! ROBERT

ロバートの秋山クンと言えば、『**はねトび**』では『**エキセントリックで奇抜なキャラクター**』が何かとクローズアップされるよね。

怪しいマルチ商法のボス、カワイイ（?）女子高生、名作アニメのパロディ、生意気な幼稚園児、新興宗教の教祖様……他にもたくさん、名キャラクターを生み出しているよね。

「やっぱり秋山の『**なりきり**』がないと、
『**はねトび**』は成立しないんじゃないかなぁ」

なんて言うギョーカイ人も多く、
その天才ぶりは塚地クン、板倉クンと
見事なトライアングルを作っている。

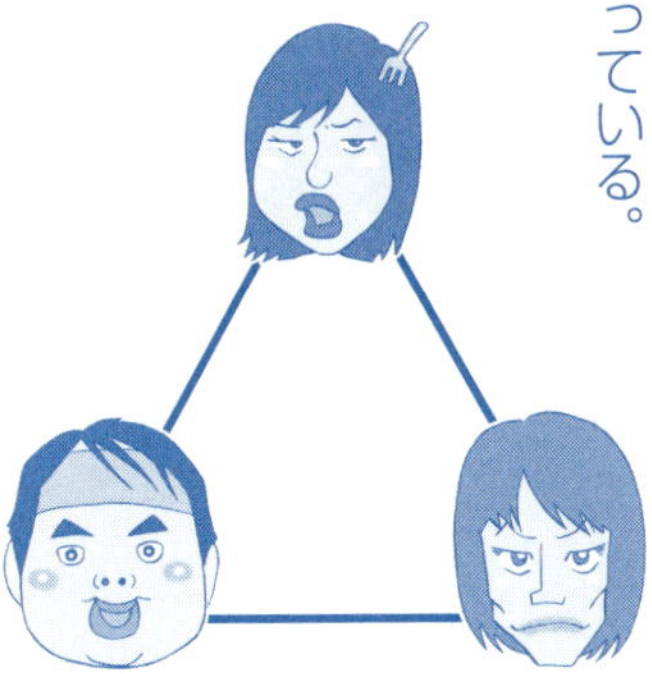

天才トライアングル

『あれ!? 秋山……だよな?』～ロバート秋山・役作りの原点を見た?

ところで、板倉クンと堤下クンのネタ作りについては
他のエピソードでお話ししているけど、
『はねトび』ファンが最も気になるのは、

「秋山クンはどうやって
あんなにたくさんのキャラクターを
生み出すコトが出来るのか？」

だよね。

その答え……といってもすべてじゃないけど、
ある放送作家が意外なところで秋山クンを発見、
そして追跡してみたら――
『なるほど！』となるほど感激しちゃったらしい。
ココではその時の様子を再現してみよう。

ある日の秋山クンのネタ探し

「え～っと……あの店にはあるかな？」
ちょいとオタク系のDVDを探すため、
放送作家のAさんは『**秋葉原**』にやって来た。
『R会館』という有名ショップの前を通りかかった時、
数メートル先に、深々と帽子をかぶっているものの、
「『**ロバートの秋山**』……だよな？」
そう、秋山クンを発見したのだった。
「**へぇ～、やっぱりアイツ、**『**はねトび**』**でオタクとか**
コスプレ（ゴスロリ）**のコントやってるから、**
本物のオタクだったんだなぁ」

『あれ!? 秋山……だよな？』～ロバート秋山・役作りの原点を見た？

なるほどなるほど……と納得したAさんだったんだけど、しかし

「ん？ でもその割には何も買ってないじゃん」

手ぶらの秋山クンは、キョロキョロと周りを見渡しながら、

誰かを追いかけるかのように足早に去って行く。

「面白そうじゃん、
どこ行くんだろ？
せっかく秋山を
こんなトコで見かけたんだもん。
『美少女フィギュア』とか
『エロゲー』買ってたら笑えるよな」

好奇心というより単なる野次馬根性で秋山クンの後を追いかけた。

「な、何やってんだ、アイツ？」

しかしAさんの想像とはまったく異なり、
秋山クンは時たまポケットから
携帯を取り出しては道行くオタクや
コスプレ好き（そうな）一般人を
パチパチと撮りまくり、
しかも店頭のフィギュアを覗き込む
2〜3人の客の後ろにソッと立ち、

「た、立ち聞き？」

真剣な表情で
客と店員のやりとりなんかを聞いている。

『あれ!? 秋山……だよな？』〜ロバート秋山・役作りの原点を見た？

「あっ！ も、もしかしてアイツ……
『新しいキャラクターのネタ』探してんのか⁉」

そう、これまで秋山クンが生み出してきたネタのほとんどは、
時代に浸透した流行や世相をデフォルメして笑いに転化させたモノばかり。
つまり秋山クン自身が時代に敏感じゃないと
生み出せないキャラクターばかりだったのだ。
本から得た情報やテレビで取り上げた情報も
ネタ作りには必要だが、
やはり自分の肌で感じた、
感性で得た情報をネタにするこだわりこそが、
あの名キャラクターを生んでいたのだ！

ふむふむ
アニキの後ろにもう一人いるんスよ
本当ですか？
限定3コなんですよ〜
まいったなぁ〜

その時、秋山クンが目指した先には……!?

「さっきから時計ばっか気にしてるから、
そろそろ帰る時間なんだろうな」

もう1時間ぐらいたったんだろうか。
Aさんは秋山クンの秋葉原チェックが終わりに近づいたコトを予感した。

「ん？　ど、どうしたんだ!?」

その時、時計を見ながら急に小走りになり、
信号機の点滅をダッシュで渡る秋山クン。
秋山クンはさらにしきりに時計を気にしながら、
一軒のビルの階段を上っていった。

『あれ!?　秋山……だよな?』　～ロバート秋山・役作りの原点を見た?

「ココ？」

特にショップが入っているワケでもなさそうな、
何の変哲もないビル。
Aさんは秋山クンが
「まさか『オタクの集会』とか
あるんじゃないだろうな？」
怪しげなサークルにでも
入っているんじゃないか……と、
心配になって階段を上る。
すると――

もしかして
オタクの集会？
教祖さま～
教祖さま～
時間だ時間だ時間！
びゅん！

「えっ!?」

Aさんの目の前に、やたら派手な看板が!

「こ、コスプレメイド喫茶『C』……
3時開店?」

時計をみたら午後3時1分。

「なんだよ!
こんな店の開店時間に合わせて
急いだのかよ!!」

入り口から中を覗くと、黒と白のメイド服のウェイトレスさんに、メニューを見ながら注文をする秋山クンの姿が……。

「うわっ、めっちゃ嬉しそう！
やっぱアイツ、
『趣味』で秋葉原に来てただけじゃねぇの⁉」

いえいえ決して、そんなコトはありません。
秋山クンにとっては、つかの間の休憩であって、別にこの店じゃなくスターバックスみたいなカフェでも良かった……のは違うよね、多分（笑）。

——ちなみにAさん、
ほぼ1時間も秋山クンを追いかけてチェックしていたのだから、

「新作コント見るの楽しみだよ。
あっ！ コレってあの時の……って言いたいもん」

と願ってはいるんだけど、平成16年7月現在、
未だAさんの願いは叶っていないそうだ……。——

『僕たち、つき合ってます!!』〜ロバート山本・虻チャンと交際宣言?〜

KATTENI ! ROBERT

『ぼねトび』メンバーの中で、気の弱いキャラクターを演じさせれば天下一品（→誉め言葉です、一応）の**ロバート・山本博クン**。

「博って、酒飲むと
やたら『凶暴』になるよな」
「そうそう、
博の目がすわる前に帰んないと
大変な目に遭っちゃうもん」
「そんなコトないだろ！」

ま、お酒を飲むと誰だって少しは気が大きくなるもんだけど、逆に言えばお酒の開放感でついつい『**本音**』が飛び出すってコトも!?

「いやいや、知らなかったよ。博がまさか虻川さんと……」

えっ!?

『はねトビ』メンバーの中で『**職場恋愛**』って許されるんですか！

『僕たち、つき合ってます!!』〜ロバート山本・虻チャンと交際宣言？

山本クン、衝撃のカミングアウト!!

「おつかれっしたぁ〜!」

『はねトび』の収録を2日がかりで終え、打ち上げに繰り出したメンバー&スタッフ。

「『チューリップ教の教祖』、小道具とか使うてみるのもエエんちゃう?」

「西野と舨倉で『世界の中心で、愛をさけぶ』のパロディやってみっか」

ほとんどの場合、仕事の延長線上というか、飲んでる時も『**笑い**』のコトが頭から離れないメンバーたち。

そんな中、ニコニコと隅の方で笑っていた山本クンの存在を
すっかり忘れていた秋山クンが――

急にハッと、何かを思い出したかのように山本クンの方を振り返る。

「やべぇ！
博のヤツ、そろそろ限界越えちゃうかも……」

『僕たち、つき合ってます!!』～ロバート山本・虻チャンと交際宣言？

——片手でウーロンハイのジョッキを握りしめながら、
いかにも『ギロッ』と秋山クンの方をニラむ。——

「俺が酒飲んじゃ、いけねぇか？」

「い、いえ、とんでもありません」

さっきも言ったけど、

ふだんは大人しい人がお酒を飲んで豹変しちゃうのはよくあるコト。

「へへへ……楽しいよねぇ」

「た、楽しい！」

怒り出すかと思ったらヘラヘラと笑い出す。

どのタイミングで山本クンを抑えるか……

いつも頭を悩ますトコロ（笑）。

「今日は気分がいいなぁ～」

（おっ！ カラミ酒じゃねぇぞ、今日は）

「よし、言っちゃおう！」

（一体、何を？）

『僕たち、つき合ってます!!』～ロバート山本・虻チャンと交際宣言？

ジャジャ〜ン! 皆サン、聞いてください! 俺たち つき合ってます!!
はいィ〜!?
俺たち つき合ってます!!
グイッ
はいィ〜!?

ドカドカと虻チャンのそばにやってくると、
いきなり左手を取って高く上げ、そうカミングアウトする山本クン。

「そ、そうだったの!?」

伊藤さんもビックリして虻チャンに尋ねる。

「へっ!? し、知らないよ、そんなコト!」

「美穂子ぉ〜〜!!」

虻チャンの名前を叫びながら、後ろから抱えるように甘える山本クン。

「ちょ、ちょっと!」

あわててその手をふりほどく虻チャンだけど、
一体、2人の仲はマジにラブラブなんだろうか?

『あの日のコト』バラすぞ!!

「イヤ〜、全然気ィつけへんかったわ」

「だろ? うめぇだろ?」

「うまくないし!

つーかアンタ、何ハッタリかましてんのさ!!」

一同が驚きを隠せない空気の中、
相変わらずノリノリの山本クンだけど、虹チャンは……

ありえないじゃん!
何言ってんの?

——ほとんどブチ切れ寸前の怒りよう。

お前、そんなコト言ってっと、『あの日のコト』バラすぞ

『あの日』のコト?

みんなは一斉に——

「な、なんやなんや!」

と、目と輝かせて興味シンシンシン。

『僕たち、つき合ってます!!』〜ロバート山本・虻チャンと交際宣言?

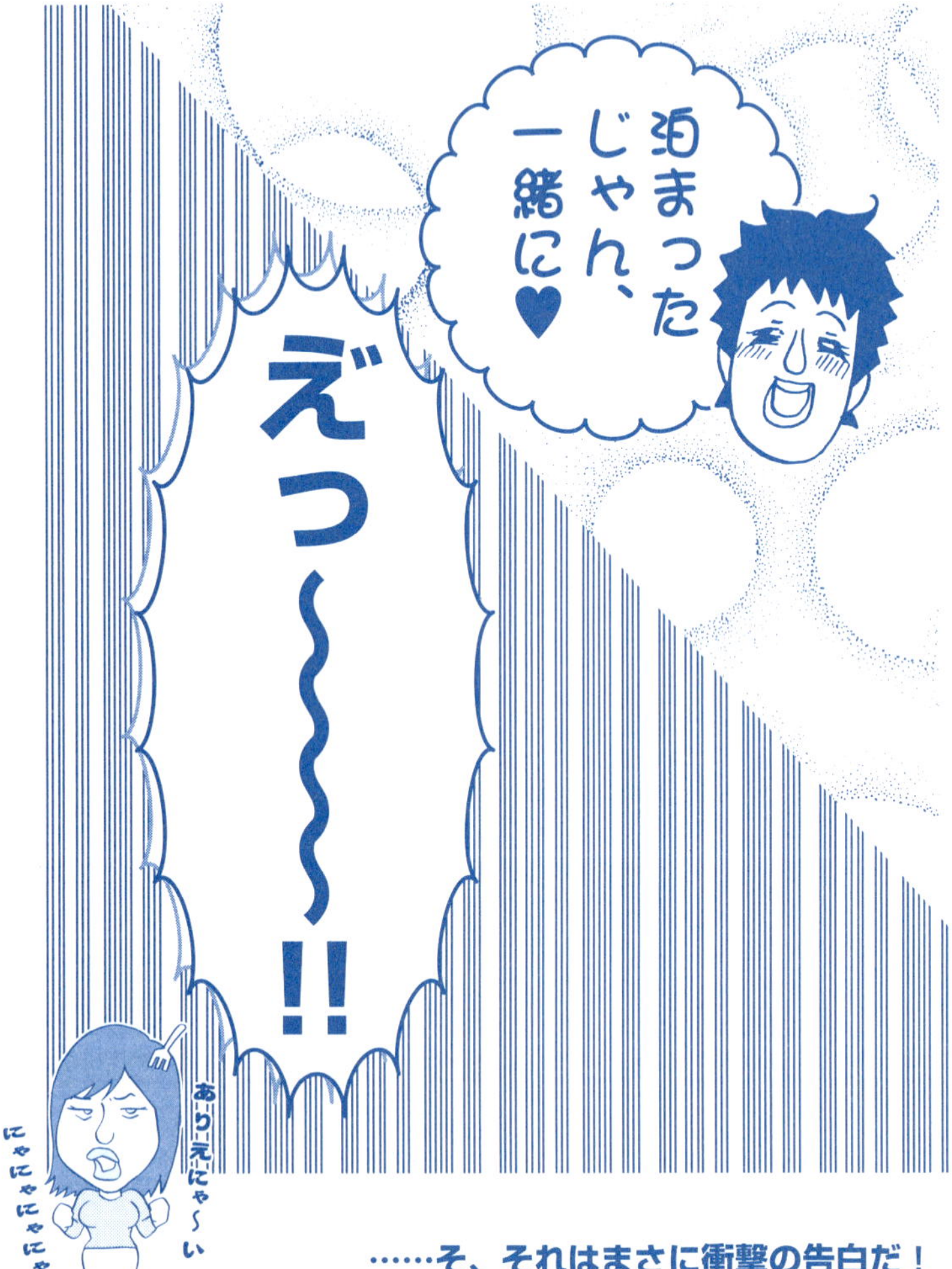
泊まったじゃん、一緒に♥
えっ〜〜〜!!
ありえにゃ〜い
にゃにゃにゃにゃ〜い

……そ、それはまさに衝撃の告白だ！

「はぁ〜っ？
泊まったってアンタ、
『金なくてタクシー代がない』って言うから、
キッチンに寝かしてあげた
だけじゃん」

少し前、虻チャンちの近所でたまたま飲んでいた山本クンが、帰りのタクシー代が心細かったため、虻チャンちのキッチンに寝かしてもらったらしいのだ……
もちろん、エッチな関係はまったくない。

「あの日」のお泊まり♥

キッチンで…
ZZZ
ヒック
イヤ〜ン♥
カワイイよぉ♥
ラブ♥
ラブ♥
マジで？マジで？
ラブラブですなぁ
キャー！
キッチンだよ！
ゴカイされる言い方すんな！

『僕たち、つき合ってます!!』〜ロバート山本・虻チャンと交際宣言？

「うるせぇなぁ！ だってお前、
俺が頼みもしないのに布団かけてくれたり
朝メシ作ってくれたりしたじゃん」

「当たり前でしょ、仕方ないじゃん」

「いや、アレは違うね。
アレは『惚れた男に自分がいかに女っぽいか』を
見せつける作戦だね」

「バカ言ってんじゃねぇよ、アンタ！」

酔っ払ってワケがわからなくなってる山本クンに、メンバーは
「やれやれ、ガセネタか……」
と、一斉に短いため息をついて背を向ける。

好きじゃないし！
好きなら好きって言えよ
ファイト！
好きじゃない！
素直になれ!!
バチバチッ

『僕たち、つき合ってます!!』～ロバート山本・虹チャンと交際宣言？

——それでも山本クンと虹チャンのやりとりは、まだまだ続く？

「……さっきの話なんだけど」

「はいはい」

「塚地さんの新キャラ、『仔犬のワルツ』のなっちの役にしません？」

「ええねぇ。秋山、ワルツ（犬）やってくれや」

あきれたメンバーは2人を放っておき、新作コントを練り上げていく。

「俺だって好きじゃねぇよ、バ〜カ」

「うっせぇ！　こっちだってタ〜コ」

——10分後、言い争いに疲れた山本クンは自分の席で眠りにつき、
「あれ!? 昨日また俺、何かやらかしちゃった？」
翌日、すっかり記憶をなくしていた自分を呪うのであった（笑）。——

『やべえ、俺、終わりかも』〜ロバート馬場・ついに初の恋愛スキャンダルか!?

5月から6月にかけて放送された**『塚地24**（トゥエンティフォー）』は、皆サンもドキドキしながら見てくれたよね?

仕込みとはまったく知らず、某若手女優とデートする塚地クンがパパラッチに撮られ、お相手の事務所で平謝り……
あげくに、『**もう一度会いたい**』と言ってくれた彼女も来なかった——。

フジテレビ系とBSフジで放送され、
DVDシリーズでもアメリカのテレビドラマとしては最高の売上を誇った
『24』のパロディのこの企画。
ターゲットになった塚地クンは
ガックリと肩を落として落ち込んでいたけど、
実はこの企画を
「マジに他人事じゃねぇよ」
と、冷や汗をたらして見つめていた
メンバーがいた。
そう、それが
ロバートの馬場クンだったのだ。

『やべぇ、俺、終わりかも』～ロバート馬場・初の恋愛スキャンダルか!?

『馬場24』とか嫌だから!!

「やべぇよ」

「どないしたん？」

「言えないし」

「言えへんのやったら呼び出さんといてくださいよ！」

『はねトび』の収録後、西野クンを『ちょっと相談があるんだけど……』と呼び出した馬場クン。

「馬場さんが相談なんて、珍しいですねぇ」

同じグループの秋山クン・山本クンには言えない相談なんだなぁ〜とピンと来た西野クン。

「まさか、ロバートが仲悪うて
解散したいとか!?
イヤやわ、そんな重い相談やったら」

そりゃそうだ。西野クンが知っちゃうには重大すぎる内容だもん。
でもまぁ、それはまったくないだろうけど（笑）。

『やべぇ、俺、終わりかも』～ロバート馬場・初の恋愛スキャンダルか!?

「実はさ……」

「はい」

「……いや、やっぱいいわ」

「はい？」

「やべぇんだもん、言えねぇよ」

「はい!?」

ところが会ってみると、馬場クンの言うコトは要領を得ず、

西野クンが

「何ですのん、
言えへんのやったら
呼び出さんといてくださいよ！」

ちょいとキレかかるのもムリはない。

**「そんな冷たいコト言うなよ。
きっと西野しか分かってくれねぇから」**

「俺しか？」

「うん」

西野クンにしか分かってもらえない？
まったく想像がつかないけど、頼られるのは嬉しいモノ。

「ま、まぁ、年下ですけど何でも言ってください」

一転、ニコニコ顔で両手を広げる。（↑ゲンキンすぎない？）
そして、馬場クンは西野クンにトンデモナイ
『衝撃の告白』をするのだった!!

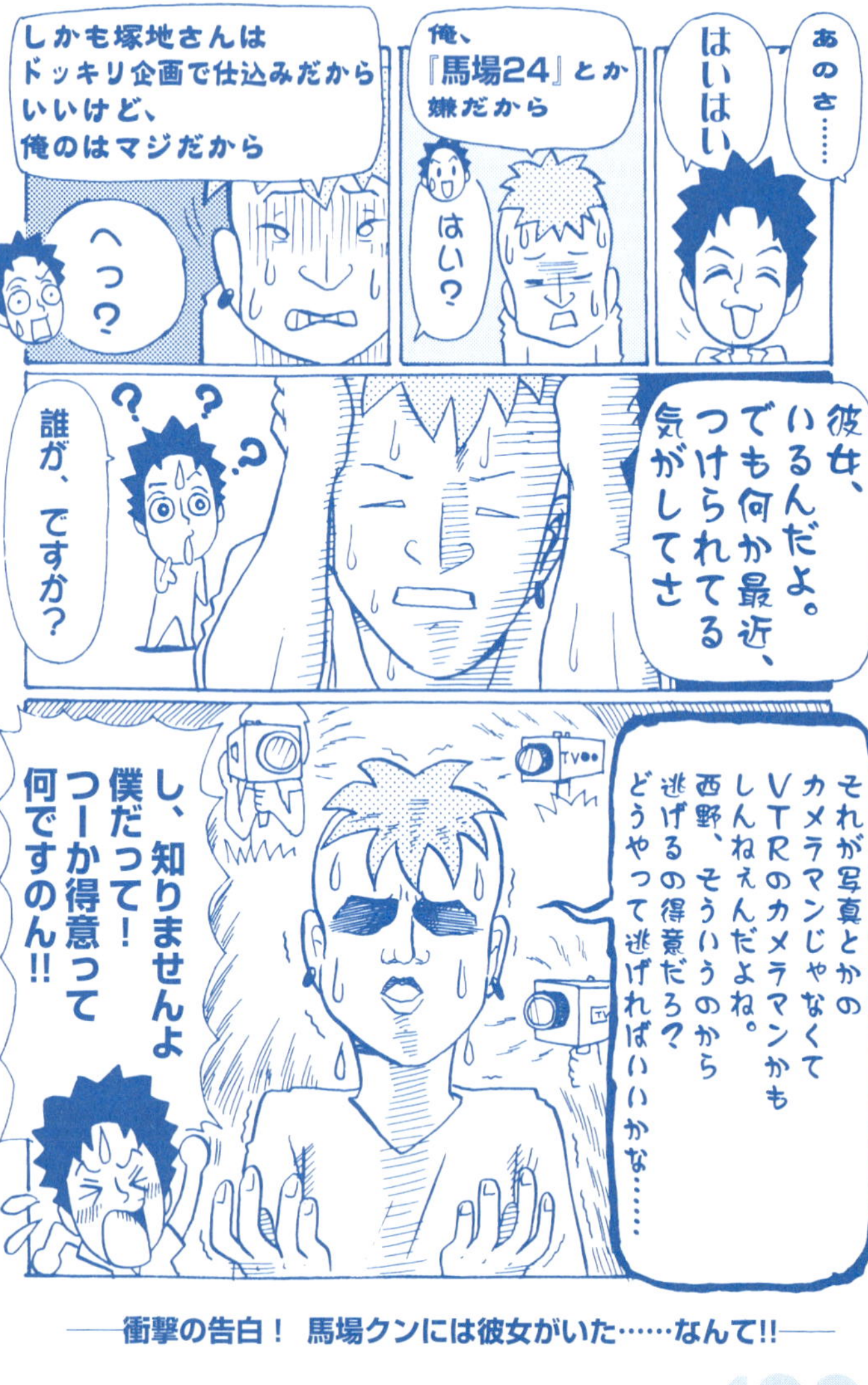

——衝撃の告白! 馬場クンには彼女がいた……なんて!!——

馬場クン、超ショーゲキの告白!!

げげっ！『C』のモデル!?

バカ！声でけぇよ

馬場チャンの口からこぼれた彼女の正体（?）、何と超メジャーファッション誌『C』のモデルをやっているAチャンという女のコだった。

『やべぇ、俺、終わりかも』〜ロバート馬場・初の恋愛スキャンダルか!?

げげっ！モデル!?
声でけぇよ！
しかも『C』のモデル!!
ひ〜〜〜っ！

「どのくらいつき合ってるんですか？」

「そこそこ……かな」

「〝そこそこ〟ってどんだけやねん！」

西野クンも『C』に出ているAチャンと聞いても
顔はまったく思い出せないけど、でも『モデル』っていうだけで、

「メンバーの中で1番、芸能人してますねぇ～」

と、馬場サンを見直さざるを得なかった。

「だからさ、
西野って今までにめちゃくちゃ遊んでんだろ？
でもバレたのってあんまないし、
そのコツを教えて欲しいワケよ」

「ちょ、ちょっと待ってくださいよ！
誰がめちゃくちゃ遊んでるんですか!!」

確かに、『吉本ナンバーワンのイケメン』とも言われる西野クンだけに、モテまくるのは当たり前。

でも実際にはイメージほど遊んでおらず、

『女より先に、芸人として
ゴールデン（タイム）にレギュラー持たなアカンでしょ！』

というのがポリシー。

「いやいや……人は見かけによりませんねぇ」

むしろ『のほほ～ん』としている馬場クンがいつの間に!?

――の方が驚きなのだ。

『やべぇ、俺、終わりかも』～ロバート馬場・初の恋愛スキャンダルか!?

「頼むよ！
俺、ヘンなスキャンダルとかになったら、
秋山とか博に顔向け出来ねえし」

「う〜ん……
まぁでも、出来るだけ外で会わへんのが
正解ちゃいますか？」

いくら馬場クンの頼みでも、ごくありきたりの答を返すしかないのが
辛い。

ところが——

「ええっ！ 外で会っちゃダメなの？」

——と、馬場クンから意外な反応が……。

「はい？ な、何言うてるんですか!?

だって『フライデー』とかに撮られたくないんでしょ」

「だってさ、少しは自慢してぇじゃん。

せっかく可愛い彼女なんだから」

「へっ!?」

言ってるコトとやってるコトが
正反対の馬場クン。
そりゃあ、ただでさえ馬場クンって
目立つ（髪の毛の色で）んだもん。
大人しくしてなきゃ
ダメじゃんね（苦笑）。

自慢してぇじゃん
可愛い彼女なんだから♥
鼻、高々！
へっ!?

『やべぇ、俺、終わりかも』〜ロバート馬場・初の恋愛スキャンダルか!?

「よう分かりませんよ、馬場さん。
自分でバレる方バレる方に向かってますやん」
「だ、だから聞いてんだよ！
『彼女と堂々とデートして、
しかもバレずに上手く逃げる方法』
変装もやってみたんだけど、
いかにも『不審者』みたいで
警察に職務質問とかされたんだもん」
「どんなカッコの変装ですか、
ソレ！」

やれやれ、まったく答の出ない相談をされても、
西野クンも困っちゃう。

「あ〜俺、どうしたらいいんだろう。
やべぇよなぁ。困ったなぁ〜」

「ちょ、ちょっと馬場さん!」

頭をかきむしりながら、ブツブツと言って馬場さんは去って行った。

「な、なんちゅうマイペースな人や!」

もちろん、こんな**『面白ネタ』**を西野クンが放っておくハズがない。

「アレってひょっとして……
〝『馬場24』を企画してくれ〟っていう売り込み?」

——近い将来、馬場クンもドッキリ企画のワナにハマるのか!?
ま、先に見つかってなければ……だけどさ（笑）。——

かってに！
ドランクドラゴン

『俺の筋がそんなに好きか?』
～ドランク鈴木、意外な場所でモテまくり！

KATTENI ! DRUDRA

鈴木拓クンといえば『**はねトび**』メンバーの中でも
『**ハメられる**』役回りが多いけど、
やっぱりダントツの『**マッチョ**』なのは
皆サンも知ってるよね？

「**最近、上半身のハダカは見せてねぇけどな、**
だってめちゃくちゃ、苦情が多かったんだもん」

ブルース・リーに扮した鈴木クンがその筋肉美を誇る一発芸（？）も
しばらくは見られそうにないけど、

ところが最近、誰よりもその筋肉美を
『愛してやまない』おネェさま方がいると聞き、

**「マジぃ!?
そりゃあファンは
大切にしないとね！」**

大乗り気で
暴走しちゃったらしいのだ……。

ホア〜〜!!
ムキ！
ハダカなら負けねーぞ!
そうだそうだ!!
ぷよん
ぷよん

『俺の筋がそんなに好きか？』～ドランク鈴木、意外な場所でモテまくり！

えぇ〜〜っ！ そんなオイシイ話があっていいんですかぁ〜〜〜っ!!

「本当にそんな、何人もいるんですか？」

「いるよ、多分10人ぐらいは集まってると思うけど」

「よりどりみどりじゃないですか！
良かった〜芸人やってて……」

まさに感無量とばかりに、番組スタッフのAさんの手を握りしめる鈴木クン。

実は数日前、Aさんが——

「鈴木クン、キミのファンだっていうおネェちゃんたちが
『どうしても裸を見ながら酒を飲みたい』
って言ってんだけど、どう？」

——とお誘いをかけて来て、即答で——

行きます！
いや、
行かせて
ください!!

——鈴木クンは話に乗っちゃったのだ。

「楽しみだなぁ〜っていうか俺、今までにそんなオイシイ話なんてなかったですもん」

メンバー唯一の妻帯者（梶原クンは別れたから？）のくせに、そんな暴走しちゃって大丈夫なの？と、こっちが心配になる（笑）。

「まぁまぁ、そうコーフンするなよ。誰でも好き勝手にお持ち帰りしていいんだぜ。3人でも4人でも」

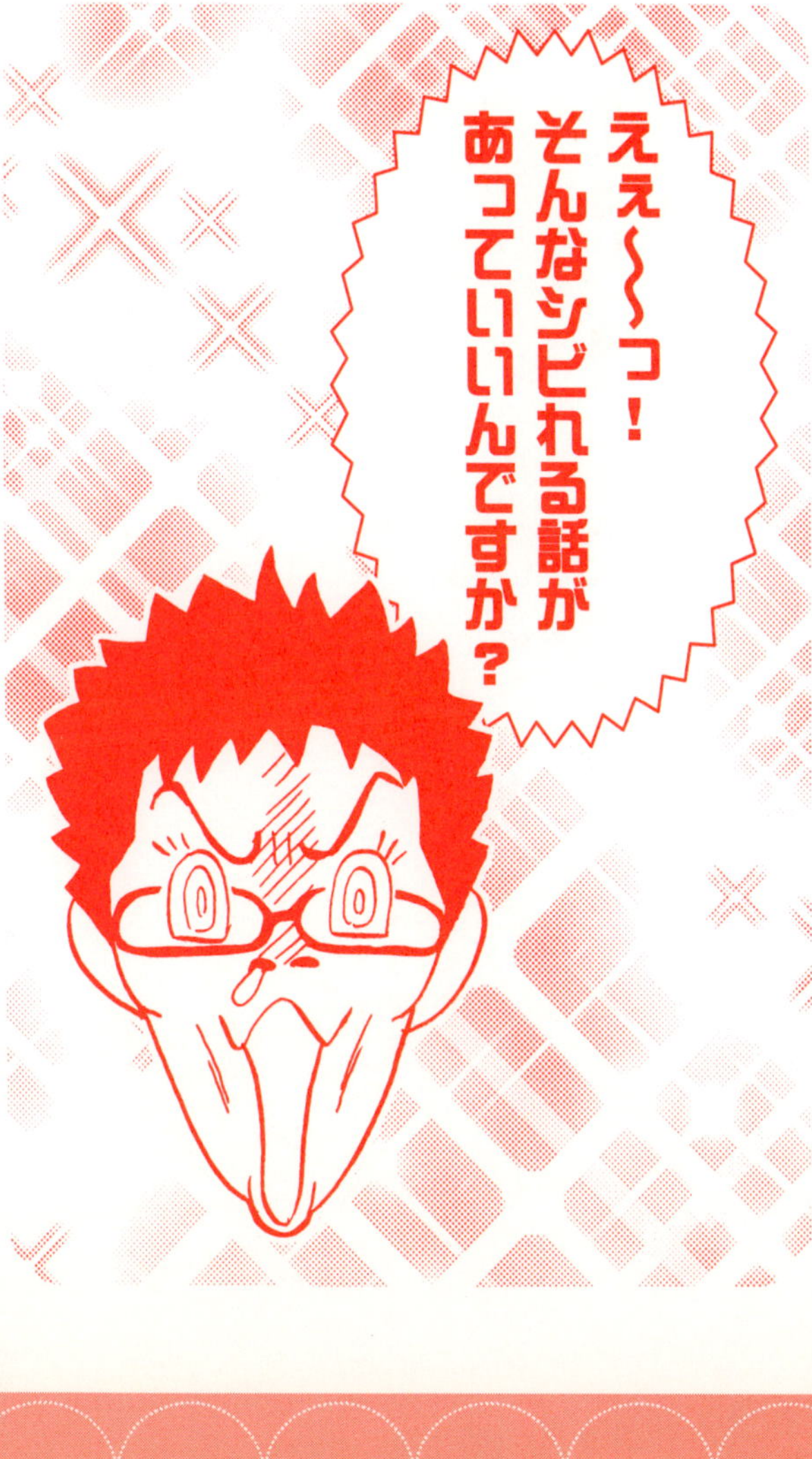
えぇ～～っ！
そんなシビれる話が
あっていいんですか？

いや、ないでしょ……おそらくは（笑）。

ココが俺を待つおネェさんがいるキャバクラかぁ♥

「ココだよ」

Aさんに連れて来られたお目当てのお店に、
鈴木クンを待ち望むおネェさんたちが働いていると言う。

「キャバクラかぁ〜。
俺、キャバクラでモテたコトなんて全然ないのに」

ピンク色の看板には『B』とあり、
いかにもキレイどころが揃っている雰囲気が漂っている。

（落ち着け、俺はおネェちゃんたちにとって
憧れのスターなんだから）

心のドキドキを見透かされないよう、
自分に言い聞かせる鈴木クン、そして――

「いらっしゃいませぇ〜♥」

ドアが開くと、色っぽい声の
大合唱が響く。

（堂々と、堂々と……な）

Aさんが先に入ると、

**「あら、Aチャン、
いらっしゃ〜い」**

いかにも常連さんであるコトが分かる
会話が返ってきた。続けて――

鈴木くぅ〜〜ん♥
キャ
キャ
モテ
モテ
カワイイ
鈴木ク〜〜ン♥
ステキ♥
鈴木クン♥
ドキドキ♥
俺のファンクラブ♥
よりどりみどり
エへへへへ
ドキ
ドキ

「連れて来たよ」

「**誰を？**」

「鈴木」

「**ど、ドランクドラゴンの!?**」

「そう」

「**キャ〜〜〜ッ♥**」

一瞬にして、ボルテージは最高潮に達した。
（**よし、ツカミはOKだ**）
全然ツカんじゃないけど（笑）、
Aさんが『**鈴木はモテモテだぞ**』と言うのは確からしい。

鈴木チャ〜〜ン♥

ドカドカと何人ものおネェさん方が
ドアの方に駆け寄ってくる。
いよいよ鈴木クンの出番だ！

「どうも……鈴木——」

――しかし肝心かなめのところで、鈴木クンの目は
『見てはいけないモノ』を見てしまったショックに、
カッと見開いたまま固まってしまった。

鈴木クン、暴走す……!?

「王様だ～れだ!?」

「ハ～イ！アタシです♥」

数十分後、店内は王様ゲームで盛り上がっている。

「王様の命令は？」

「ぜ～ッタイ！」

「じゃあ鈴木チャンが1枚脱ぎまぁ～す」

「ま、またかよ!!」

イヤイヤながら靴下を1枚脱ぐ鈴木クンは、すでにTシャツにトランクス姿で、靴下も片方の足しかはいていない。


『俺の筋がそんなに好きか?』～ドランク鈴木、意外な場所でモテまくり！

「一気！　一気！　一気！」

加えて突然始まる一気コールに、

ちきしょう！
飲めばいいんだろ、
飲めば!!

と、ヤケクソのように酒をあおる。

ん〜？　一体コレ、

どういうコトなんでしょ!?

一気
一気
ゴキュゴキュ
ちくしょー
飲めばいいんだろ飲めば！
脱いで〜♥

「Aさん、
ゲイバーに来るんだったら来るで、
ちゃんと言ってくださいよ！
何がキレイなおネエちゃんが
待ってるですか!!」
「あら!?
アタシたちは全員、女のコに
生まれ変わってるのよ！」

　そう、実は鈴木クンが『モテモテ』だというのは、新宿にある**『ゲイバー』**でのお話だったのです。
いやいや、どうりで話が上手すぎると思ったけど……（苦笑）。

一気！一気！
ラブーー
ぬいで〜 キャーー
ひ〜〜
黒族じゃないのあれ!?
おかまちゃんばっかじゃないですか！
鈴木クン大好き〜〜

「俺の筋がそんなに好きか？」〜ドランク鈴木、意外な場所でモテまくり！

「うっせぇよ！

俺の筋（すじ）がそんなに好きか？」

「大～好き♥」

「だったらどうにでもしやがれ！」

「キャ～～～ッ!!」


すっかり酔っ払ってヤケになった鈴木クンの失言に、オカマのおネェさんたちが襲いかかってTシャツをはぎ取る。


「ステキ♥」

「（筋肉の）切れ込みが最高よね♥」

「あぁ～ん、手触りもイイわぁ～♥♥」

（ココから先は鈴木クンの暴走……ではなく、おネェさんたちの暴走によって自主規制します。）

「や、やめて！ お嫁に行けなくなるから!!」

とか言いながら、結構鈴木クン本人も楽しんでたりするんだけどね（笑）。

『やっぱ格が違うよ』～ドランク塚地、なっちに問題発言？

KATTENI ! DRUDRA

日本テレビ系の4月ドラマ『**仔犬のワルツ**』で、今までのドラマ出演とは180度正反対の『**クールな役**』に挑戦した塚地クン。

「**ごっつ難しかったよ。だって笑うたらアカン役でしょ？**」

『**はねトび**』メンバーの中で虻チャンと並んでドラマ出演のオファーが多いのは、圧倒的な存在感――と言っても2人とも、クセのある役が多いけどね――を認められているからだ。

「ええよなぁ～、なっち（安倍なつみチャン）とラブシーンあるんやろ？」

「あらへんよ！」

「その短い指で、どうやって世界的なピアニスト役をやんねん？」

「俺がいつ、『世界的なピアニストの役だ』って言うた⁉」


トップアイドルの安倍なつみチャンと共演すると聞いて、メンバーは、

「なんとか『モー娘。』と合コンさせてくれ！」

な～んて、ムチャなお願いしまくり。


「やっぱ格が違うよ」～ドランク塚地、なっちに問題発言？

「みんな、俺がどんだけ苦労しとるか知らんねん」

そして収録が終わりに近づいたある日、塚地クンが仲良しのインパルス・堤下クンと飲みに出かけた席で、とんでもない『**問題発言**』が飛び出したと聞いては、こりゃあ聞き捨てならないよね！

『なっち』はまだまだ格下やな!!

「どうっすか、ドラマの方は?」

2人が酒を飲む時の定番、西麻布のオシャレなバー（に、似合わねぇ〜!）

で、堤下クンが塚地クンに聞いた。

「結構、疲れたなぁ、ホンマに」

「何か塚地サン、どっかの雑誌に
『なっちと犬猿の仲』

って書いてありましたよ」

「アホか!

犬猿の仲にもなれへんぐらい、
全然、接点がないよ」

「やっぱ格が違うよ」〜ドランク塚地、なっちに問題発言?

芸能誌に書いてあった怪しい噂を簡単にツッコめるのも、
仲の良い堤下クンだからこそ。

「じゃあ合コンはムリっすねぇ」

**「合コンどころか、
ひょっとしたら最後までツーショットで話すのも
ムリちゃうか」**

ドラマ疲れのためか、それとも
あまり聞かれたくないコトをツッコまれたためか、
塚地クンの（酒の）ピッチが上がる。

「で、実際はどうなんすか」

「何がや？」

**「なっちって、
やっぱメチャメチャ可愛いんでしょ？」**

しばしの沈黙のあと、
大きくタバコの煙を吐き出しながら塚地クンが言った。

**「やっぱ格が違うよ。
アレじゃ女優としては成功せぇへんのとちゃうか?」**

「えコ!?」

思わせぶりな仕草と意外な言葉に、
今度は堤下クンの方がピキーンと
固まってしまった。

「やっぱ格が違うよ」〜ドランク塚地、なっちに問題発言?

「秋山にも聞いたら分かるよ。
やっぱ『松たか子』はスゴかったね！
現場での存在感が違うたもん」
「そ、存在感っすか!?」

松たか子サンといえば、塚地クンと秋山クンが初めての『月9』出演となった**『いつもふたりで』**（フジテレビ系）で、シッカリ共演している。

「松さんはな、スタジオ入りした時から大女優さんや。
その点、なっちは気いつけて見とかんと、
『どっかの見学者が紛れ込んどるんとちゃうか？』
ってくらい地味やねん」

ちょっと塚地クン、酔っ払っちゃったみたい（苦笑）。
でもそんな時だからこそ、本音が出ちゃうのかも。（なんちゃって！）

―地味？―

「**具体的にどう違うんですか？**」

芸能界のウワサ話が大好きな堤下クン。

ここぞとばかりに興味シンシンで聞きたがる。

「**簡単に言うたら『華があるかないか』とちゃうか**」

「**華？**」

「**松さんは入って来た時から出て行く時まで、『あっ！　松たか子や』**……**やねん。例えばこう、タバコを1本吹かす時も**……

『（松さんのマネをしてタバコを吹かすと）**どうも～松たか子でぇ～す**』

みたいな」

どうも～
松たか子でぇ～す
ぷは――っ

「やっぱ格が違うよ」～ドランク塚地、なっちに問題発言？

「いちいちそんなコト言ってタバコ吸うんですか!?」
「だから例えやん！
メシ食うてる時もお茶飲んでる時も、リラックスしてても
『**松たか子は松たか子**』ってコトや」
「なんとなく分かりますけど」
「なっちはアレやな。
『モー娘。』にずっとおったからピン（一人）の仕事で
まだ自分を解放しきれてないんとちゃうか？
休憩中もず〜っとマネージャーとしか話さへんし、
他の若い役者の子らとも打ち解けてへんかったもん」
「なるほど、つまり主役としての立ち居振る舞いとか、
主役としての存在感がまったく『**正反対**』ってコトですよね」

「そやな、松さんに比べたら、
なっちはまだまだ格下やな」

やれやれ、調子に乗って
喋りまくるのはいいけど、
誰かに聞かれたら
『お前が言える立場か！』
って怒られちゃうかもよ（笑）。

「やっぱ格が違うよ」～ドランク塚地、なっちに問題発言？

『塚地クン、エラくなったもんねー』

「おはようございま〜す」

翌日、『はねトび』のリハーサルにやって来た、塚地クンは、メンバーのニヤニヤした視線に**『あれ？』**と違和感を感じた。

「塚地さん、聞きましたよ」

「な、何をや!?」

「なっちのコト、『憎むぐらいに大嫌い』なんですってねぇ」

「はぁ〜っ？」

明らかに昨夜の会話が、しかも大げさに伝わっている。

「コココん！」

犯人はもちろん、堤下（つっつん）クンだ。

「やっぱ雑誌に書いてあったコト、本当なんでしょ？
なっちと塚地さんが犬猿の仲で、
お互いに陰口叩き合ってる……って」

「なんでやねん!!」

まぁ、事情を知らない人が、『格が違う』発言を聞いたら
そう思っちゃうのも仕方ない。

「でも塚地さんがねぇ〜」

「お、俺がどうかしたか？」

**「いつからそんなに
エラくなったんでしょうねぇ」**

「へっ!?」

う〜ん、ちょいと雲行きが怪しい。

エラくなった
もんねー
へー…?

「だってあの演技だぜ。
『なっちの芝居が下手くそでどうしようもない』
なんて、よく言えるよな」
「あ、アホ！　誰もそこまで言ってへんやんけ!!」
この日、塚地クンはことあるゴトにメンバーから
「アカンアカン、俺も
『俺（塚地クン）とは格が違う』って言われんよう、
もっと頑張らな」
と、冷やかされまくって
「勘弁してくれよ！
全然、（コントの）ネタが浮かばへんやん!!」
散々なリハーサルになっちゃったんだってよ（笑）。

勘弁してくれ！

ひ〜〜
いいっすね
うらやましい
にゃにゃにゃにゃ〜い
エラくなったもんね！
ありえないね
そうだね
へ〜〜っ
俺もがんばらなきゃ
夢子もがんばらなきゃ
えー
マジでー
プププッ

『お持ち帰りするでぇ〜〜!』〜ドランク塚地・合コンで大失敗……の巻

KATTENI ! DRUDRA

アカンて、合コンはええ思いしたコトないって知ってるやろ?」

「いいじゃないですか! みんな塚地サンに会いたがってますし、今回はめちゃくちゃチャンスですよ」

『はねトび』のリハーサルが終わり、帰ろうとしていた塚地クンに、堤下クンが「ちょっとナイショの話が……」

と声をかけて来た。
何でも堤下クンが遊びに行ったキャバクラで、おネェちゃんたちから
「メンバーの人に会わせて！」
と頼まれたらしく、
「それなら合コンしようぜ!!」
堤下クンは**『このチャンスを逃すものか！』**と
話をまとめて来たと言うのだ。
「でね、相手がどうしても
『塚地サンと秋山を呼んでくれ』って言うんですよ」
「えっ!? 西野とか博（山本）**じゃなく？」**
「そうなんです。
コレって2人のファンってコトですから、
最初っからＯＫなワケですよ」

「……」

しばし冷静に（?）分析する塚地クン。

大体『はねトび』メンバーで『合コン』をしたとしても、

モテるのは西野クンや山本クン、

梶原クンがメインで、

「俺や秋山なんかいっつも、その場だけチヤホヤされるだけやし……」

……なんだけど、ひょっとして念願の

『お持ち帰り』が出来るのかも!?

念願のお持ち帰り!?
塚地さ～ん♥ 帰りたくな～い♥
まいったなぁ♥
コソコソ
コソコソ
ドキドキ
俺のファンの子……!
チャンスですよ チャンス!

「どんな感じの子らやの？」

「カワイイっすよ。キャバクラには珍しいお嬢様系ですから。絶対に信用（↑何を信用？）出来ます！」

「……よっしゃ、分かった、行くよ」

「本当ですか!?」

「うっうんの顔も立てなアカンしな」

「ありがとうございます！」

あくまでも『仕方なく』を装うものの、明らかにニヤけまくる塚地クンだった（笑）。

『お持ち帰りするでぇ〜〜！』ドランク塚地・合コンで大失敗……の巻

深夜2時のドキドキ合コン！

「せやけど夜中の2時から合コンて、どないやねん、実際は……」
「まぁあまぁ、キャバクラ嬢ですから、仕事が終わってからじゃないと」

深夜の2時、合コン会場（?）の六本木のカラオケ店『L』の個室に入った3人は、少し興奮気味に作戦を立てた。

「とりあえずマジ歌よりも
モノマネの方がええんかな？
その子ら、ノリは良さそう？」
「ノリは完璧ですよ。
キャバクラ嬢ですし」
「ねぇ、このカーテン閉めます？
外から俺たちが合コンしてるの
見えちゃいますよ」
「来てからでいいんじゃない？
分かんないかもしれないし」

個室は10人は楽に入れる大きな部屋で、しかも一方の壁が『二段ベッド』のような作りになっている。

「せやけど高いなぁ〜。なんで『1時間で1万円』もするねん」
「まぁまぁ、一応俺たちも芸能人なんですから。ここで合コンやらないと……」

実はこの『L』という店、合コンだけじゃなくドラマやバラエティ番組の打ち上げなどで、有名芸能人が必ず1度は訪れるという『芸能人の殿堂』でもあるのだ。

少しのミエは仕方ないところ。

「サインはどうします？ 気に入った子の」

3対3の合コンだけに、カップリングがポイント。

「塚地サンから選んでくださいね」
「お、俺は最後でエエよ、そんなん」

「何言ってんすか！
今回の合コンは『塚地サンあってのモノ』なんですから」
「そうですよ。まず塚地サンが選んで、
あとの2人はつっつんと俺が適当に担当します」
「お前ら、
たまには先輩想いのエエ後輩になってくれるんやなぁ……
ようしゃ、ほんなら名前を聞いた時、
気に入った子は『チャンづけ』で呼ぶわ。
気に入らん子は『サンづけ』で」

こ、細かいテクニックだけど、
これは今までの合コンでも聞いたコトがないナイスなテクニックだ（笑）。

早よ、来いへんかなぁ。
あ、アカン、
ちょっと緊張してきたかも。
ト、トイレ……
汗が…
止まらん

――すでに顔には滝のような汗を流す塚地クン。
こんなコトで本当に
『お持ち帰り』まで持って行けるのだろうか？――

——と、その時！

イエ〜〜イ！
堤下チャ〜ン♥

「おぉ！
待ってたよ、
待ってたよ!!」

——個室のドアが開き、合コン相手のキャバクラ嬢が入ってきた。——

『お持ち帰り』されたのは……

「……まぶしいなぁ」

「はい、もう夏って感じですねぇ」

午前5時、
カラオケ店の閉店とともに外に出た3人は、
すっかり陽が上るのが早くなった
朝の太陽に目をしばしばさせていた。

「**どないする？**」

「**タクシー代……残ってないんで電車で帰ります**」

「**俺も**」

「**そっか……はぁ〜**（ため息）」

「**はぁ〜ぁ**（ため息）」

あ、あれれ!?
合コン終わったんだから、
当然横にはお持ち帰りのキャバクラ嬢が？

「**何でアイツら10人も来んねん**」

そう、実は『3対3』のハズの合コンだったのに……

「**3人と合コンするって言ったら、店のコがみんな来たがっちゃって**」

「よろしくお願いしま～す♥」

『**3対10**』という、考えようによってはハーレムでもあるんだけど、

相手を1人ずつお持ち帰りするには

絶望的な合コン……というか、

単なる『**飲み会**』になってしまったのだ。

「しかも全員に1万円ずつタクシー代ぶん取られて……俺マジに、今月は1日1食しか食えへんやんけ！」

女のコをお持ち帰りするどころか、1万円（×10）を**『お持ち帰り』**された塚地クン。

よろしくお願いしまーす♡
ワァオ♡
こんなにいるの!?
お持ち帰りが…
イエーイ♡

——朝5時の六本木。

「こんなに太陽がまぶしいの、いつぶりやろ？」

朝陽がうっすらと塚地クンの涙を誘った、
あまりにも空しい1日の始まりでした（苦笑）。——

かってに！北陽

『北陽の……虹川です!』～北陽・虹川が、あの超VIPのホームパーティーに!?

KATTENI ! HOKUYOH

3月までフジテレビ系で放送されていた『ayu ready?』にレギュラー出演していた北陽の2人。

「……**はい、モシモシ**」

ある日の深夜の0時近く、突然虹チャンの携帯が鳴った。

「**虹チャン？ あゆだけど**」

「**あ、あゆチャン!?**」

徹夜で遊ぼー♪

「今何してんの？
ヒマだったらホームパーティーに来ない？」
「行く行く行く行く！
行かせてください!!」
なんと浜崎あゆみチャンからの
『**プライベートのお誘い**』
があったのだ。

ホームパーティーに来ない？
あゆだけど
行く行く行く行く
行かせてください!!

『ちょ、超スゲエ!』虹チャン緊張で固まる……

「やべぇやべぇ! 全然分かんないよ」

あゆチャンから『六本木ヒルズの方だから』と言われ、

「分かりました!」

とソッコーでタクシーを飛ばした虹チャン。

1番デッカいタワーの入り口で警備員さんに聞いてみたんだけど、『マンションはあちらです』と15〜25F建てぐらいの4つの棟を指差され、シッポを巻いて退散(笑)。

「あ、あゆチャン、分かんないよぉ〜」

泣きの電話を入れ、関係者の方に迎えに来てもらってようやくたどり着いたのだった。

『北陽の……虻川です！』～北陽・虻川が、あのＶＩＰのホームパーティーに!?

入った部屋は、正面に10メートルぐらいの幅の窓があるリビングで、
しかも同じぐらいの高さにデ〜ンと東京タワーが建っている。
（西野クンも似たようなおハナシが……）

「げっ！ ○○クン!!」
「うわっ！ △△クン!!」
「ひえっ！ □□チャン!!」

しかもそのホームパーティーには、
アイドルグループ『A』のSクンやNクンを始め、
いつもはお笑いの現場で出会わないような超人気タレントが
無造作に転がっている（？）ではないか！

「ねぇ、虹チャン」

「は、はい！」

緊張で凝り固まってる虹チャンに、あゆチャンが優しく声をかけた。

「ちゃんと一発芸、やって来てくれた？」

「い、一発芸!?」

「あれ？ 言わなかったっけ」

「聞いてないっすよ！ 何のコトですか？」

思ってもみなかったあゆチャンの一言に、虹チャンはしどろもどろ。

**「実はココって、VIP専用のマンションなんだよね。
だから普通、お客さんも入り口で
すっごい厳重なチェックがあって、
不審者が1人でも入ると警察が飛んで来るんだ」**

「け、警察!?」

「でも安心して。
芸能人はカメラチェックでOKなんだけど……」

チラッと虹チャンの顔を見上げるあゆチャン。

「虹チャンは大丈夫だったよね？ カメラに向かって
『北陽の虹川です！』って挨拶してくれたでしょ!?」

まさかこのマンションに入るのに、そんな規則があったなんて！

**「わ、分かんない、
連れて来てもらっただけだから……」**

「……大丈夫かなぁ。
分かってもらえたかなぁ」

再びチラッと虹チャンを見上げるあゆチャン。

「ど、どうしよう！

今からもう1回、行ってくるよ!!

だって警察に通報されたら、
あゆチャンに迷惑かけちゃうもん」

「本当!? いいの？」

「もちろん！」

言うが早いか、あゆチャンの家を飛び出していく虹チャン。
――っていうか、そんなの、ないに決まってんでしょ（笑）。

『……ほ、北陽の虻川です！』必死の一発芸の結果は……？

「も、もしもし、あゆチャン？カメラどこにあんのか分かんないよ!!」

「大丈夫、六本木ヒルズでは3メートルおきに監視カメラがあるから。そこで思いっ切り一発芸でもして**『北陽の虻川です！』**って言えば、警備員がチェックしてくれるから」

「**うん、分かった。じゃあ今からやるね！**」

「OKだったら（オートロックの）ドア開くよ」

――あゆチャンに言われた通り、
オートロックのドアに向かって
両手で頭の上に円を描き、
両足を広げてサル顔のマネ。――

――もちろん、ドアはウンともスンとも言わない。――

「北陽の……虹川です！」～北陽・虹川が、あのVIPのホームパーティーに!?

――と、その時、虹チャンの携帯が鳴った。

「**もしもし？**」

「虹チャン？　サルの真似じゃ
虹チャンって分かんないかもしれないから、
もっと他のがいいかもしれないかもしれない」

「**うん、頑張る！**」

あゆチャンからの電話を切り、

今度は――

北陽の虻川です！
コマネチ!!
北陽の虻川です！
コマネチ!!

――おなじみのコマネチポーズを……
でも虻チャン、何かヘンじゃないかい？

「北陽の……虻川です！」～北陽・虻川が、あのVIPのホームパーティーに!?

「北陽の虻川です！ コマネチ!!
……あ、あれ？
何であゆチャン、
アタシがサルのポーズしたの
知ってんだ!?」

そう、実はこのマンション、
VIPフロアは訪問者の顔が分かるように、
入り口の監視カメラの映像を部屋から見れるんです。

「……開かないよ、コマネチじゃダメなのかなぁ？
北陽のアブカワ～です（宮迫ですのマネ）」

アブカワ～です
ビシ
アッハッハーッ
虹チャン最高～!!
人のネタやってるよ
気づけよ虹
ビシ
パクるなー!!

――こうしてホームパーティーは、
虹チャンの天然ボケぶりで大盛り上がりに。
それにしてもあゆチャンってば、
趣味が悪いというかイタズラッ子なんですねぇ（笑）。――

『アタシはお母さんじゃないっつーの!』
～北陽・伊藤はモテモテ?の秘密

KATTENI ! HOKUYOH

「伊藤さん！ 俺は生ビールね」

「俺、ウーロンハイ」

「じゃあ俺は……焼きオニギリ2つ」

『はねトび』メンバーの打ち上げ会場の居酒屋で、なぜか小間使いのように連呼される、北陽・伊藤さおりチャンの名前。

「はいはいはいはい、今日はお茶漬けいらないの?」

伊藤チャンも慣れたもので、メンバー全員の好みを知っている。

「いいなぁ～伊藤チャンは。
いつもみんなにモテモテじゃん」
相方の虻チャンはこう言ってスネるんだけど……
「モテてる？
これ、モテてるって言わないでしょ！
アタシはみんなの
お母さんじゃないっつーの!!」
正直、あと5年もしたら
『田舎のオバちゃん』みたいな
体型になっちゃうんじゃないか……
という噂はさておき（笑）、最近の伊藤チャン、
やたらと貫禄がついて来たのだけは
確かだねぇ。

『私だって恋をしたい!!』……酔うと飛び出す伊藤チャンのグチ

「私もちゃんと、恋をしたいんですよ。
でもお笑いやってると、どうしても……」

メンバーの飲み会になると、決まって2時間後に始まるのが
伊藤チャンのグチだった。

「わ、分かるよ。
お笑いやってると、どうしても
『女を捨てなアカン』ってトコがあるもんね」

今夜の聞き役は、キンコンの西野クン。

（はぁ～ぁ、伊藤さんに捕まると長いねん）

顔には明らかに嫌がっている色がアリアリだ。

「男の人はいいよね、みんなモテモテだもん」

「そ、そんなコトないですって」

お笑いやってると恋がどうしてもねぇ
聞いてるぅ？
ヒック
プハ～
分かります
捕まってもうたあああ！

「ウソつかないで！
私、聞いちゃったんだからね。
西野クンがこの中で1番女性経験が豊富だって」

ギロッと西野クンをニラむ伊藤チャンの目は、
すっかり座りまくっている。
（↑こ、怖っ！）

ウソつかないで！
ギロッ
西野クン モテモテなんでしょ!?
ひっ！
ありえにゃ～い
にゃにゃにゃにゃ～い

「でもアレですよ。この前、
男のメンバーだけで飲みに行った時、
伊藤さんの話になったんですよ」
「私の話？
どうせ『デブだ』とか『ブスだ』とか、
『虹チャンがいなかったら北陽はとっくに潰れてる』とか、
そんな話でしょ？」

やれやれ、酔っ払うと被害妄想まで激しくなっちゃうのね。

「ちゃいますよ！
『はねトビ』はやっぱり、伊藤さんがおらな成立せぇへん
って言うてたんですよ」

わ、私が⁉

伊藤チャンの顔が、パッと明るくなった。
そりゃそうだろう。一時は某日本テレビの某裏番組に出演していたおかげで、
『北陽はこのままクビになるんじゃないか？』って
心配されてたくらいだもん。
「な、なぁ、秋山！」
「ん〜？」
ここで西野クン、伊藤チャンのお相手が
1人ではつとまらないと思ったのか、
無理矢理ロバートの秋山竜次クンを引きずり込む。

私かい⁉

俺を呼ぶなよ！
しまった！
ズルズル…
1人じゃムリや〜
え〜〜 私が必要ってコト〜？ ウフフフ〜

（バ、バカ！　俺を呼ぶなよ）

（そんなん言うたかて、1人じゃ相手出来へんもん）

2人の間には、こんなアイコンタクトが。

「秋山！」

「は、はい」

「ゴチャゴチャ言うとらんと、お前もこっち来て飲まんかい!!」

で、出た！

伊藤チャンの**『ニセ関西弁』**は、酔っ払い度数MAXの証拠（笑）。

（西野！　お前、覚えとけよ）

（わ、悪ィ、勘弁してくれや）

悲しいアイコンタクトを交わしつつ、

2人は伊藤チャンの前に正座させられた。

アタシってモテてる？ イケてるぅ？？

「いやホンマに、
伊藤さんは何だかんだ言うたかて女っぽいですやん」
「そぅ？」
「虹川さんには全然オンナの魅力を感じませんけど、
伊藤さんにはもう、感じまくりというか……
『あふれるあふれるオンナの泉』ですよ」
「照れるなぁ」

西野クンと秋山クンは、必死に伊藤チャンを盛り上げまくっている。

「アタシ、モテてる？」

「超モテモテです！」

「イケてる？」

「イケてるどころか、モリモリのアゲアゲですよ！」

「ウフフ♥」


2人に誉められ（？）、照れまくる伊藤チャンは意外と女っぽい。

「良かったぁ～。今日も気持ちよく飲めて……」

大きなアクビを2つ、3つしたかと思うと、満足そうに座布団の上に横になる伊藤チャンだった。

「アタシはお母さんじゃないっつーの！」～北陽・伊藤はモテモテ？の秘密

「……やれやれ」
「やっと寝てくれたよ」
西野クンと秋山クンはそんな伊藤チャンの様子を見て、
大きく肩で息を吐く。
「でもホンマに、酔うてない時の伊藤さんって、
みんなのお母さんみたいに頼りになるのになぁ」
これまた意外に可愛い（失礼！）寝顔を見つめながら、西野クンが言う。
「いやでも別に、
お笑いだからってモテないワケないだろ？
伊藤さんってかなり、虹川さんを意識しまくってるよな」

高校時代から仲の良い伊藤チャンと虻チャンだけど、
虻チャンがドラマやCMでバンバンと顔が売れるに従って、
伊藤チャンはヤキモチとかいうのではなく、
『モテない私が北陽の足を引っ張るかも』と、
むしろ逆にプレッシャーを感じていると言う。

**「みんなが頼りにする、
お母さんみたいな伊藤さんやからこそ、
男は誰だって甘えたくなるのになぁ」**

「うん、母性愛の鏡みたいな人なのに」

「アタシはお母さんじゃないっつーの！」～北陽・伊藤はモテモテ？の秘密

――まったく伊藤チャンってば！
肝心の誉め言葉を言われてる時に、
寝てちゃダメじゃん（笑）。――

かってに！インパルス

『リベンジしてやる！』～インパルス板倉、キャバクラ嬢との運命の戦い！

KATTENI ! IMPULSE

皆サンは『**芸人さん**』と聞くと、
めちゃめちゃ遊びまくっていて
『**酒も女も好き放題**』ってイメージ……
少しくらいはあるよね（笑）。
実は、ほとんどがマジメに、そして苦しみながら
ネタを絞り出しているんだけど、
たまには『**世間の目**』に応えるために、
わざわざ遊びに行くのも芸人さんの『**務め**』でもあるんだ。

酒も女も大好き～

でも本当は……

キャバクラ嬢の『ぶしつけ攻撃』に板倉キレる!!

「こんばんは」

「あ〜っ！

見たコトあるカモ、超好きカモ」

某テレビ番組のスタッフたちと『打ち合わせ』と称して六本木に繰り出した板倉クン。

「結構、面倒臭いんですよ」

と言いながらも、連れてこられたキャバクラ『C』で、隣りに座ったキャバクラ嬢・Mチャンからいきなりの**『ぶしつけ攻撃』**を受けていた。


「リベンジしてやる！」〜インパルス板倉、キャバクラ嬢と運命の戦い！

「ねぇねぇ、あの人でしょ？
お笑いやってる」
いきなり初対面で、
『見たコトあるカモ』
『あの人でしょ？』などと言われて、
カチンと来ない人は少ないだろう。（当然）
「あぁそうですよ、あの人ですよ」
板倉クンとしては、心の中で
『なんだコイツ？』と思いながらも、
精一杯、イヤミで言葉を返したつもりだった。
ところが——

「う〜ん、ちょっと待っててね。すぐに思い出すから」

Mチャンの耳には板倉クンの声がまったく入っていないのか、マイペースで考え込んじゃってる。

（ダメだコイツ、
顔は可愛くても
頭の中カラッポじゃん）

やれやれ……

という表情でMチャンの顔をながめる。

「**板尾！**」

「**えっ？**」

「『**板尾**』って言うんだよね、**名前**」

吉本興業の先輩、
130Rの板尾創路さんの名前を、
それも間違ってるあげくに
『**さん付け**』で呼ばないMチャンに、
さすがに板倉クンもムッとした表情。

「あれ？ 違ったっけ」

それでもまったく悪びれた感じのないMチャンは、

「ねぇねぇ、この人、何て名前だっけ？」

と、近くの女のコ（キャバクラ嬢ね）に尋ねる始末。

だからイヤなんだよ、キャバクラなんて

こうなったらムスッとして
Mチャンに分からせるしかない――作戦を
取るしかない。
しかしそれが、ますます板倉クンを
ドツボに追い込む。

「ふぅ～ん、
普段は面白くないんだね」
「へぇ？」
「つーか、つまんないじゃん」

ブチッと血管が2～3本キレた音が、
板倉クンの頭の中に響いた。
もう止まらない、
ここはバトルの始まりだ！

『ボケ担当』の悲しい性

「**こうだろ!!**」

「**違うし！　何回間違えてんの？**」

テーブルの上に正方形に置かれた４枚の10円玉。

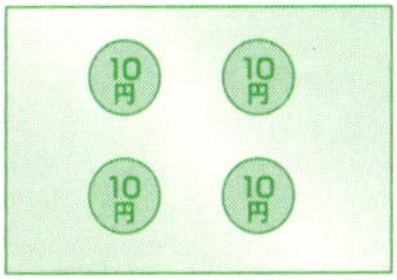

「**う～ん……あっ、分かった！**」

１枚ずつ動かして何やらコインパズルのようなコトをやっている。

「**ねっ、こうじゃんこうじゃん！**」

正解だったのか、満面の笑みを浮かべる板倉クンだったけど……

「つ～か遅い！ ＥＱ低すぎ!!」

Ｍチャンの口からは、
相変わらず板倉クンに対する毒舌が
飛び出しまくる。

「ＩＱ関係あんのかよ？」
「あるよ、だってコレ、
アタシの小学校ん時の知能テストだもん」
「やんねぇだろ、こんなのは！」

ん？ さっきまでブチ切れ寸前だった板倉クンだったのに、
なぜか嬉しそうな雰囲気が漂ってるのはナゼだろう（笑）。

「いや～、最初はムッとしたし
『面白いコト言え』みたいに言われて
キレそうになったけど、
いつの間にか『ツッコまれる』のが
気持ち良くなってきて……（笑）」

これも悲しい『ボケ担当』の性なのだろうか？

「板尾！」
「はい」
「次はコレ分かる？
マッチ棒を並べて……1本動かして——」

すっかり『板尾』になっちゃってるし、
しかも目をランランと輝かせてマッチ棒に向かってるし。

「リベンジしてやる！」～インパルス板倉、キャバクラ嬢と運命の戦い！

「よし！　これは一発だ!!」

「すげぇじゃん、板尾！

アタシのおかげでEQ上がったね」

上がるワケありません。

「姫、今度はリベンジしに来っから！」

「なになに!?　板尾のくせにアタシに挑戦する気？」

すっかりMチャンに調教され、大満足の1時間を過ごした板尾……

いや板倉クンでした――って、なんじゃそりゃ（笑）!!

板尾
バカじゃ～ん
遅いっつーの！
グサグサ
グサグサ
バカ
IQ低すぎ…
ゾクゾク～
もっと
ツッコんで～♡
ボケ
た…たまらん！

『俺はぬいぐるみかよ!』
～インパルス堤下・某アイドルから愛の告白?～

KATTENI ! IMPULSE

「つっつん、何やってんの?」

「んえっ!?」

『はねトビ』収録の休憩中、わざわざタレントロビーまで戻ってコソコソと携帯電話をいじっていた堤下クンの背後から、のぞき込むように梶原クンがヌーッと声をかけた。

「メ〜ル？」

「い、いや、何でもないから」

うつむいてニヤニヤと携帯をいじってるんだから、明らかにメールのやりとりをしているのに、堤下クンはかなり動揺しちゃってる。

「そ、それよりアレ、どうなった!?」

「アレ？」

まったく思い当たるフシがない梶原クン。

「何、ゴマかしてんの!?」

「ご、ゴマかしてなんか……」

「まぁええわ、じゃあ」

やっと梶原クンがこの場を離れてくれる……と、ホッと一息の堤下クン。

ところが——

『Cチャン』かぁ〜どんな子やろ
へっ!?
み、み、見えてたのかよ！

——去り際にポツリと漏らした梶原クンの一言。

Cチャンか〜どんな子やろ
ポツリ
み…見えてたのかよ！
No!!

——ハイ、あんなに１人の世界に入って
メール打ってんだもん。
のぞかれるの当たり前じゃん（笑）。——

堤下クンに『17歳某アイドルとの交際〈?〉』発覚！

「いや、だからね。そのぉ～番組で知り合って……」

「ふ～ん（ニヤニヤ）」

「ま、まだ、〝そんな関係〟じゃないから！」

「何も聞いてませんやん」

堤下クンがメールをしていたお相手は、番組で知り合ったまだ17歳（！）の女優さん・Cチャンだった。

「あきませんよ。援交やら売春やらイロイロあるんですから」

「違うって言ってんだろ！」

「俺はぬいぐるみかよ！」～インパルス堤下・某アイドルから愛の告白？

何でも某番組で知り合ったCチャンの方から
「私、『はねトび』の大ファンなんです!」

と声をかけられ、

「良かったら
メルアド教えてもらえませんか?」

「あ、はい、いいですよ」

「ヤッタ〜〜!

友だちに自慢出来る!!」

一方的にアプローチ(↑かなぁ?)された
と言うのだ。

「そら、ごっつうらやましい話ですやん」

「だ、だから単なるメル友だってば!」

堤下クンのノロケ話を聞きながら、ちょっぴりと妬けちゃう梶原クン。

「でもどんな子なんです？　俺、知らんのですわ」

「み、見る？」

「えっ？」

「写メ、送ってもらったんだ」

「……ウ、うわっ！　めちゃくちゃカワイイですやん!!」

堤下クンの携帯画面には、男なら誰だって目を奪われるほどの美少女が！

「そ、そうかなぁ。俺は普通だと思うけど」

頭をかきながら照れる堤下クンだけど、
その表情は**『誰かに自慢したかった』**のが
ミエミエなんだなぁ〜。（ムカつく！）

「俺はぬいぐるみかよ！」〜インパルス堤下・某アイドルから愛の告白？

『俺のコトどう思ってる?』堤下クンの告白!?

「っていうかだから、
Cチャンは本当に、単なる『メル友』だぜ?」
「向こうはそう思てませんよ。
頼もしい堤下サンに明らかに恋してますよ」
10歳年下の女子高生とメル友になった堤下クンに、
勝手に恋のアドバイザーに名乗りを上げた梶原クン。
「とにかく一発、
『俺のコトどう思ってんだ?』
って聞いてみたらどうですか」
「何だよそれ、早すぎんだろ!」

「早いも遅いもありませんよ。冗談っぽくでええんです。
だってCチャンの気持ちが分からな、
ヘタな（内容の）メール打てませんよ。
勝手に誤解させたり思わせぶりになったり……
傷つけてしまいますやん」
「なるほど。そうだな、さすが女心は
『離婚経験者』のカジに聞くにかぎるな」
「そうそう、失敗してるからこそ
分かる……
って、ほっとけ！」

よし、ここは一発！
男らしくCチャンの気持ちを
確かめてみるとしますか（笑）。

き、来た！

——数分後、堤下クンの携帯にCチャンからの返信が返ってきた。

は、早よ、見せてください！

バカ！俺がまず最初にチェックするもんだろ
ピピ
…………

で、どうなんです？『好きです』って書いてあります!?

…………

ねえ！ちょっと!!

はぁ〜〜

何て書いてあったんですか!?

あっ
?

ス……

堤下サンってプーさんみたいにポヨポヨして超カワイイですよね！私の部屋のキティちゃんと一緒に並べたいです

「俺はぬいぐるみかよ！」～インパルス堤下・某アイドルから愛の告白？

「……え、え〜っと……堤下サン？」

おっきなゲンコツが『ゴツン！』と鈍い音を立て、
梶原クンの頭上に炸裂した。

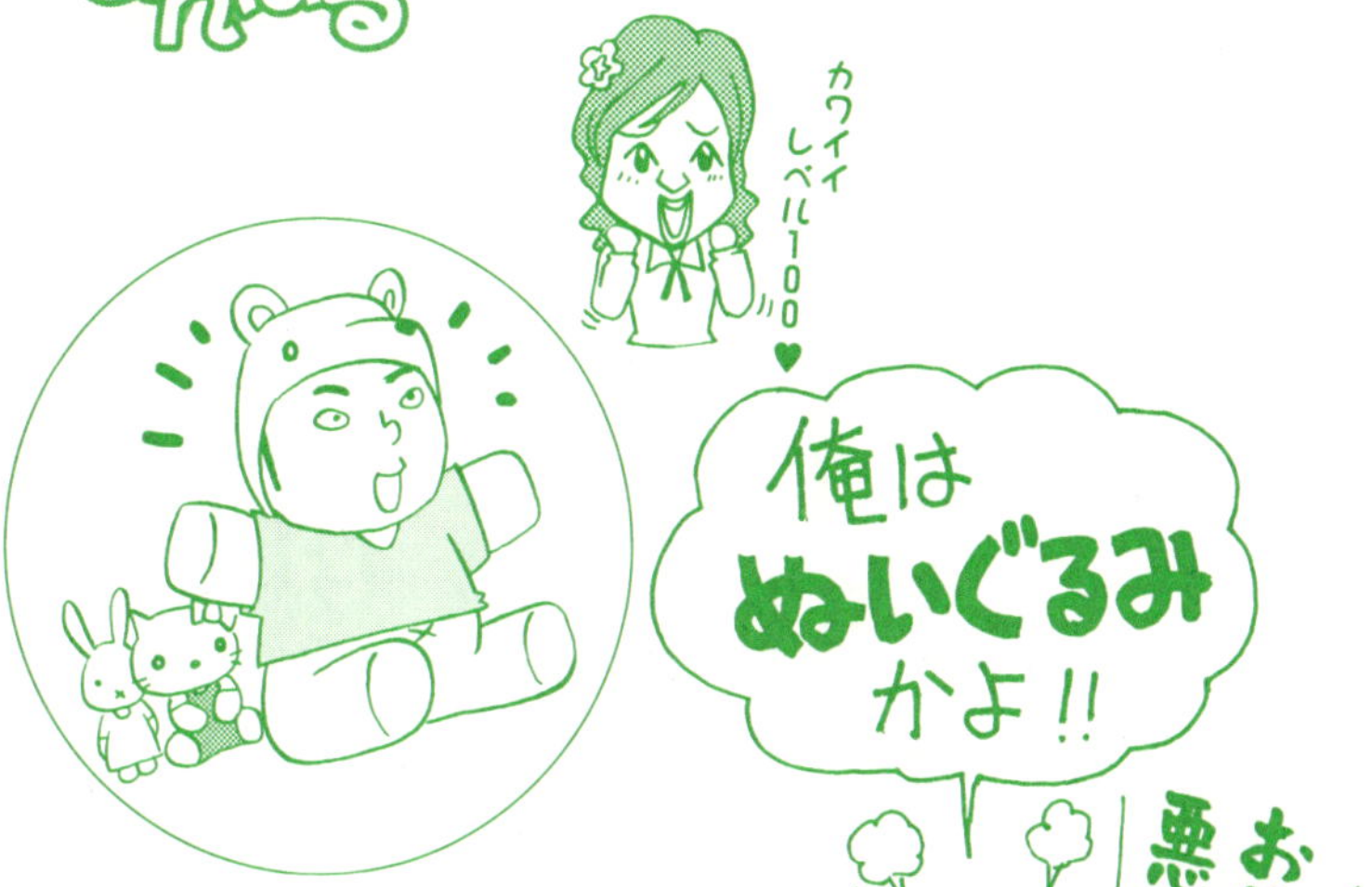
カワイイレベル100♥
俺はぬいぐるみかよ!!
お前が悪い！
ゴチ☆

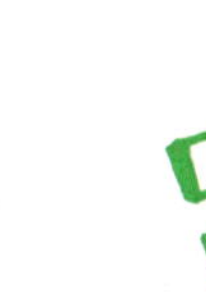

「知りたくなかった！」

——ま、そんなモンでしょ（笑）。——

『もうあきらめんのかよ!』

~インパルス板倉・妥協を許さないネタ作り

KATTENI ! IMPULSE

『はねトび』メンバーの中で、一般のファンや視聴者から『ネタ作りの天才』と言われるのは、やはり**ドランクドラゴンの塚地クン**、**ロバートの秋山クン**、そして**インパルスの板倉クン**だろう。

「11人のメンバー、全員がいなきゃ**『はねるのトびら』**じゃないけど、でもやっぱり**ネタ作りの核になるのはその3人**」（番組スタッフ）

特に板倉クンの場合、秋山クンが突拍子もないキャラクターで笑わせ、塚地クンが『オチ』をつける正統派の笑いだとすると、シュールかつクールな、独自の世界を展開するだけにネタ作りには苦労する。

「（ネタ作りを）**見てると塚地や秋山のコントはみんなでワイワイ言いながら作り上げていくけど、板倉はズシッと1人で入り込んで、彼の中で『ある程度の形』が出来てからみんなに見せる**」（同）

「もうあきらめんのかよ！」～インパルス板倉・妥協を許さないネタ作り

そしてもちろん、板倉クンが必死になってネタに取り組んでいる時、
相方の堤下クンも同じように苦しまなきゃならないのだ。

『板倉クンのネタ作り』実況中継

「…………」

東京・中野にある
某ファミリーレストランのテーブルで、
深夜、ノートに向かいながら真剣にペンを走らせる
板倉クンの姿があった。

（**ズズズ……**）

目の前には、おかわり自由のコーヒーをする、
堤下クンの姿が。

「もうあきらめんのかよ！」～インパルス板倉・妥協を許さないネタ作り

「……あのさ」

「うん」

「こんなのどうかな？」

何十コも考えたコントの設定の中から、

面白いオチに持って行けそうなネタをピックアップ。

「医者の話はこの前やったろ」

「だから〝患者と1対1〟じゃなくて、

『白い巨塔』みたいに教授と助教授とか」

お笑い芸人にとって

『ネタ作り』の時間は、売れれば売れるほどなくなる矛盾したジレンマ。

「別に日テレでもいいよね？『白い巨塔』」

そう、2人は『はねトび』だけじゃなく**『エンタの神様』**用にも、常に斬新なネタを考えなくちゃならない。

「正直、キツイですよね。でもこれがやりたくてこの世界に入ったんだから、本当は幸せなんですけど（苦笑）」

『はねトび』がチームプレイなのに対し、**『エンタの神様』**はどうしても他の出演者と比べられてしまう辛さがある。

例えばNHKの**『オンエアバトル爆笑編』**のように最初っから点数をつけられたりする方が、むしろ楽なのだとも。

「『オンバト』は点数に対して視聴者の目が
『自分なら何点なのに』とか思ってくれるから
逆に救われる面もあるんですよ。
でも『エンタの神様』はオンエアされるまで
『（自分たちのネタが）使われるかどうか』も分からないから、
見えない敵と戦っているようなものなんです」

特に最近、インパルスを始めとして
陣内智則、アンジャッシュ、アンタッチャブル、
そしてドランクドラゴンが人気を争っているので

「意識しますよ。
塚地さんなんか
『はねトび』では仲間だけど
『エンタ』では敵、みたいな（笑）」

すべてのネタに気を抜けない
辛さやプレッシャーが、
ドッシリと板倉クンの肩にかかってくるのだ。

ブラッディ
ブラッディ
はねトび

エンタ

ファイト！

板倉クンと堤下クンの『明確な関係』

「見てると辛そうだけど、
でもネタを作ってる時のアイツは嬉しそう（笑）。
精神的にものすごい『M』じゃないと、
きっと耐えられないよね」

堤下クンもネタ作りには参加するし、
もちろんツッコミ担当として

「お前、もうちょっと
ツッコミやすくなんねぇ？
例えばコレしさ……」

ズシ…
プレッシャー
あ〜〜っ
プレッシャーが
キツイ〜
でも もっと〜
M

注文をつけるコトも多い。

しかし、

「基本的には『板倉の世界をドコまで広げてやれるか、
気持ちよくネタ作りをさせてやれるか』、
が僕の仕事ですからね。
やっぱネタ作りにも役割分担が必要なんです」

さらに言えば——

「板倉は煮詰まると逃げ出すクセがあるから（笑）、
そこで『あきらめんのかよ！』って
手綱をギュッと締めるのも僕の役目。
多分、他の『はねトび』メンバーの誰よりも、
ウチ（インパルス）が明確な関係性を保ってますよ」

「もうあきらめんのかよ！」〜インパルス板倉・妥協を許さないネタ作り

——だそうで、やっぱり1番嬉しいのは、

「板倉のネタを
誰よりも最初に見れる（読める）**コトかな。**
だって想像出来ますもん、
『あっ、ここで笑いがドッカン！　だ』って」

——だと言うのだから、
絶妙のコンビネーションなのは
間違いない。

「よし！」

少しウトウトしていた堤下クンが、
板倉クンの奇声（？）でハッと目を覚ます。

「出来た？」

「出来たよ！　ちょっと合わせてみる？」

「うん」

板倉クンが店内にあるコピー機に走る。
バタバタと戻ってくると堤下クンに渡し、

「え～っと、まず設定はさっきの『白い巨塔』で……」

と説明し始めると、

♪ジャカジャカジャ　ジャカジャカジャ……♪

自分でBGMを口ずさみながら、ネタの読み合わせだ。

「混んでる時は恥ずかしいし、
たまにサインを求められたり
勝手に写メで撮られる時もありますよ」

メンバーは全員、多かれ少なかれ同じように睡眠時間を削って
ネタを仕上げている。
だが本来、その姿を視聴者には見せてはいけないと言う。

「当たり前でしょ！　裏を見せるよりも、
思いっ切り笑ってもらえてナンボですから……」

『板倉ワールド』、これからもますます炸裂するだろう!!

キャー
キャハハハハ
あははっ
あははっ!!
ドワッハッハッ

何やってんだよ～!

いかがでしたか？
僕たち「はねとび」ウォッチャーズがお贈りした
『かってに！ はねる』
は、面白く楽しんでもらえましたか？

過去、ダウンタウンやウッチャンナンチャンが、
『夢で逢えたら』から大ブレイクしたように。
過去、ナインティナインや極楽とんぼ、よゐこが、
『とぶクスリ』『めちゃめちゃモテたい』から大ブレイクしたように。

歴史は3度目のスターを生み出そうとしています。
それはもちろん、**『はねるのトびら』**！

キングコング
ロバート
ドランクドラゴン
北陽
インパルス

のメンバーはすでに『はねトび』以外でも大活躍をしてはいますが、
メンバーが最も輝いて見えるのはやっぱり『はねるのトびら』——なのは、
皆サンも異論がないところでしょう。

日本のお笑いの歴史、いろいろと諸説入り乱れてはいますが、
『テレビ』が生み出したスターと言えば、
第1世代の『ザ・ドリフターズ』、
第2世代の『ひょうきん族（ビートたけし・明石家さんま）』、
第3世代の『とんねるず、ダウンタウン時代』、
そして第4世代がナインティナインやロンドンブーツ1号2号、
ココリコらの『ゴールデン（番組）レギュラー組』だとすれば、
まさに新世紀の『第5世代の覇権争い』が今、始まろうとしています。
その先陣を切るのは『はねるのトびら』で大活躍するキングコング、
ロバート、ドランクドラゴン、北陽、インパルスの面々！

ジワジワと追いかけてくる他のお笑い芸人たちも群雄割拠していますが、『はねトび』メンバーには何にもまして、皆サンという強い味方がついています。

これからも僕たちと一緒に、ますますブレイクしていくメンバーを見守っていきましょうね!!

また会うその日のために、今は『さよなら』は言いません。

でもこれだけは心から、本当に心からお伝えします。

「最後までおつき合いいただき、ありがとうございました!!」

必ずまた、盛り上がりましょう！

そして『はねトび』メンバーをこれからも応援しまくりましょう!!

「はねとび」ウォッチャーズ

かってに！　はねる

2004年7月28日　初版第1刷発行

編者……………「はねとび」ウォッチャーズ

イラスト………前田美和
大庫うるみ

発行者…………籠宮良治

発行所…………太陽出版
東京都文京区本郷4－1－14　〒113-0033
電話03-3814-0471／FAX 03-3814-2366
http://www.taiyoshuppan.net/

印刷……………壮光舎印刷株式会社
株式会社ユニ・ポスト

製本……………有限会社井上製本所

KAT-TUN全開!!

スタッフJr.［編］ ¥1,260（本体¥1,200＋税5%）

スタッフだけが知っている
『KAT-TUN』情報＆エピソード

★関ジャニ8と宿命のライバル対決！その壮絶な結末とは!!
★『上田VS赤西』に続きKAT-TUNに新抗争勃発!!
　『中丸VS亀梨』に田中が参戦!?――
　――すべての真相が明らかに!!
★シークレットアーティスト『&U』って誰だ？
……など、どこにも出てない！『素顔のKAT-TUN』全開!!

KAT-TUN参上！

スタッフJr.［編］ ¥1,260（本体¥1,200＋税5%）

スタッフだけが知っている『素顔のKAT-TUN』エピソードBOOK
舞台ウラ㊙エピソード＆プライベート情報満載!!

★衝撃！亀梨クンの転落事件!!
★一触即発!?『赤西・上田の不仲説』の真相とは……!!
★田口クン、ビーチバレーで性格ヒョウヘン!?
★中丸クンのチョッピリ恥ずかしい～♥ホテル探検
……などなど……

もっと！Ya-Ya-yah

スタッフYah!［編］ ¥1,260（本体¥1,200＋税5%）

ゼッタイ知りたい!! Ya-Ya-yahを丸ごと大公開!!
NEWS、KAT-TUNも登場!!
★薮クンが巻き込まれた!?
　KAT-TUN赤西クンと上田クンの大ゲンカ
★山ピーが翔央クンに教える『通学ラッシュの極意』
★薮VS光VS太陽、ボウリング対決！勝つのは誰だ？
……など、もっと知りたい!!
Ya-Ya-yahの最新情報＆エピソード超満載!!

あッ！Ya-Ya-yah

スタッフYah!［編］ ¥1,260
（本体¥1,200＋税5%）

Ya-Ya-yah他、KAT-TUN、NEWS、
関ジャニ8…超人気アイドル総出演!!

ぜんぶ！Ya-Ya-yah

スタッフYah!［編］ ¥1,260
（本体¥1,200＋税5%）

『Ya-Ya-yah』番組㊙エピソード
＆プライベート情報満載!!